IHMINEN JA SÄTEILY

Georgiy Ostroumov   Eva Jansson

IHMINEN JA SÄTEILY

Tietoa ionisoimattomasta säteilystä ja sen terveyshaitoista

Kustantaja: BoD – Books on Demand, Helsinki, Suomi
Valmistaja: BoD – Books on Demand, Norderstedt, Saksa

ISBN 978-952-80-3573-2

SISÄLLYSLUETTELO

Johdanto 9
Luku 1. Yleistä tietoa säteilystä 11
Matalataajuinen magneettikenttä 12
Matalataajuinen sähkökenttä 12
Korkeataajuinen säteily 13
Luku 2. Normeista 19
Normit on asetettu väärin 19
Rajojen valinta 22
Normeja pitkäaikaiselle säteilylle 30
Uusi säteilylaki 33
Lyhyesti tehoista 41
Harhakuvitelma 44
Luku 3. Langattomat ratkaisut 50
Radiolinkit 50
Pitkän toimintasäteen wlan 57
Ratkaisuja ilman suoraa näkyvyyttä 59
Suojaus säteilyltä 62
Luku 4. Matkapuhelimet 65
Syyt, jotka mahdollisesti tekevät matkapuhelimen haitalliseksi ja vaaralliseksi 65
SAR-arvoista 67
Matkapuhelimen pitäisi säteillä vähiten 70

Matkapuhelin energiatehokkaassa talossa ... 86
Säteileekö suljettu älypuhelin? ... 87
Voiko matkapuhelin aiheuttaa äkillisen kuoleman? ... 88
Älypuhelin lentokonetilassa ... 96
Ellei matkapuhelinta voi käyttää ... 98
Tablettitietokone ... 98
Nokian itsemurha ... 101
Säteileekö DECT-puhelin voimakkaasti? ... 102
Luku 5. Tukiasemat ... 106
Tukiasemien luokitus ... 106
Tukiasemakin voi aiheuttaa haittaa ja vaaraa ... 108
Tukiasemien oikea sijainti ja säätö ... 110
Luku 6. Wlan (wifi) ... 115
Voiko wlan aiheuttaa ihmisille haittaa tai vaaraa? ... 115
Kotiverkon toteuttaminen ... 118
Sulje tarpeeton wlan ... 121
Käytä pienintä säteilytehoa ... 122
Vähän säteilevä langaton kotiverkko ... 127
Vinkkejä wlanin käytöstä koulussa ... 130
Luku 7. Tutkat ... 133
Säätutka ... 133
Muita tutkia ... 135
Luku 8. Televisio ... 143

Maanpäällinen, kiinteä televisio 143
Mobiilitelevisio 144
Kuinka paljon televisio säteilee? 144
Luku 9. Säteily kotona 149
Laturit 150
Valitse turvalliset kuulokkeet
ja handsfree-laitteet.. 152
Pistorasiat 158
Säteilevätkö satelliittiantenni
tai navigaattori? 159
Onko pienitehoinen laite aina haitaton? 160
Tasavirta vai vaihtovirta kotiin?...................... 161
Likainen sähkö ja likainen säteily 162
Palovaroittimet 175
Virtuaalitodellisuuslasit 177
**Luku 10. Energiansäästölamppujen
valitseminen** 180
CFL-lamppu 180
LED-lamppu 180
Luku 11. Etäluettava sähkömittari 183
Hälyttäviä tietoja Yhdysvalloista 185
Kommenttejamme ja suosituksiamme 186
Luku 12. Autoista 190
Autojen säteilyt 190
Hybridiautot ja sähköautot
säteilevät paljon 192

Polttomoottoriautot 193
Suosituksia valmistajille 196
Luku 13. Pelastakaa vauvat! 199
Itkuhälyttimet 199
Kun kävelet vauvan kanssa........................... 202
Luku 14. 5G- ja 6G-teknologiat 206
Mikä on 5G ja miksi se tulee?........................ 206
Kysymyksiä 5G-teknologian
turvallisuudesta 209
Mikä voisi olla 6G? 216
Luku 15. Haitaton tulevaisuus 219
Loppusanat 220

Johdanto

Uusia sähköön perustuvia keksintöjä tuodaan kiihtyvällä tahdilla kansalaisten iloksi mutta myös terveyshaitaksi. Sähköisten langattomien ja langallisten laitteiden ja järjestelmien määrä lisääntyy ennennäkemättömällä tavalla. Valitettavasti myös uuden teknologian säteilystä kärsivien ihmisten määrä lisääntyy hälyttävää vauhtia, koska haitallista säteilyä vuotaa ympäristöön – joskus tahallaan, joskus tahattomasti – ja se vaikuttaa myös ihmisiin. Suomi on teknologisen kehityksen kärjessä, ja täten on valitettavasti mahdollista, että juuri Suomessa olisi (prosentuaalisesti) eniten säteilystä kärsiviä.

Euroopan neuvosto (EN) ja Maailman terveysjärjestö WHO (World Health Organization) ovat huomioineet tämän vakavan ongelman.

WHO on luokitellut sekä radiotaajuiset sähkömagneettiset kentät että hyvin matalataajuiset magneettikentät mahdollisesti karsinogeenisiksi luokkaan 2B. Tätä luokitusta ehdotti WHO:n alainen järjestö IARC (The International Agency for Research on Cancer).

EN on suositellut kaikille jäsenvaltioilleen uusia, hyvin tiukkoja rajoja ympäristön säteilylle. Suosituksia antoi nimenomaan Euroopan neuvoston parlamentaarinen yleiskokous eli PACE (Parliamentary Assembly of the Council of Europe).

Valitettavasti suuri osa väestöstä elää rajat ylittävissä olosuhteissa, eikä heillä ole tietoa siitä, miten suojata itsensä. Ihmiset tarvitsevat konkreettista tietoa haitallisesta säteilystä, siltä suojautumisesta sekä siitä, miten laitteiden säteilyä voidaan vähentää.

Näiden ohjeiden ei ole tarkoitus haitata teknistä eikä taloudellista kehitystä vaan järkeistää jo käytössä olevia tekniikoita sekä neuvoa laitevalmistajia huomioimaan terveysnäkökohta ja ympäristönsuojelu jo laitteita suunniteltaessa. Suomi voisi olla turvallisen tekniikan mallimaa ilman, että se aiheuttaisi merkittäviä lisäkuluja. Tekniikka, talous, terveys ja ympäristö pitäisi vain yhdistää järkevällä tavalla. Ehdotamme tässä, miten EN:n ja/tai WHO:n suositukset ylittävää säteilyä voisi pienentää talous huomioiden. Suomen viralliset säteilyrajat ovat kylläkin niin korkeita, etteivät ne suojele ihmisiä – ne ovat kaukana EN:n ja WHO:n suosituksista. Näin ei voi jatkua. Liian moni on jo sairastunut. Ottakaamme siis huomioon EN:n ja WHO:n suositukset.

Tästä kirjasta saa uusia ohjeita monien laitteiden, kuten matkapuhelimien, reitittimien, tietokoneiden, energiansäästölamppujen ja kuulokkeiden, entistä turvallisempaan käyttöön. Operaattoreille tarjoamme ihmiset huomioon ottavia radiolinkkeihin, säätutkiin ja tukiasemiin liittyviä asennusohjeita.

Pyrimme antamaan hyviä neuvoja parempaan elämään paremmassa ympäristössä unohtamatta sitä, että elinkeinoelämäkin voisi hyötyä uusista teknologioista. Hyvä ja terveellinen ympäristö on kaikkien etu eikä keneltäkään pois.

Tämän teoksen sisältö perustuu muutamaan jo julkaistuun ja julkaisemattomaan yhteiskirjoitukseemme sekä mittaustuloksiimme.

Luku1. Yleistä tietoa säteilystä

Yleensä puhutaan kahdesta erilaisesta säteilystä: ionisoivasta säteilystä ja ionisoimattomasta säteilystä.

Ionisoiva säteily on luonteeltaan hyvin korkeataajuista sähkömagneettista säteilyä. Sen taajuus ylittää ultraviolettisäteilyn (UV-säteilyn) korkeat taajuudet. Ionisoiva säteily voi olla hyvin vaarallista ihmiselle, koska se ionisoi kehon atomit ja molekyylit, jolloin ihmisen elämä voi romahtaa hyvin nopeasti. Ionisoivasta säteilystä on kirjoitettu tuhansia kirjoja.

Ionisoimaton säteily ei voi ionisoida atomeja eikä molekyyleja, koska sen taajuus on verrattain matala (eli fotonin energia on riittämätön). Tavallisesti tämä säteily ei pilaa ihmisen elämää nopeasti, mutta hitaasti se voi tehdä niin. Tässä kirjassa kerrotaan pääosin vain keinotekoisesta ionisoimattomasta säteilystä, joka tällä hetkellä vaikuttaa ihmisen terveyteen eniten.

Tietysti myös luonnollinen ionisoimaton säteily (esim. aurinkomyrskyt, revontulet, salaman säteily, maan magneettikenttä ja Schumannin aallot) vaikuttaa kaikkeen elävään sekä positiivisesti että negatiivisesti. Monen tutkijan mielestä jopa erittäin heikko, lähes taustakentän tasolla oleva Schumannin aalto vaikuttaa ihmisen aivojen toimintaan positiivisesti.

Kirjoitamme pääasiassa seuraavanlaisista säteilyistä:

- matalataajuiset (pientaajuiset) magneettikentät (1 Hz–100 kHz)
- matalataajuiset sähkökentät (1 Hz–100 kHz)
- korkeataajuinen säteily (100 kHz–300 GHz).

Valitsimme ne, koska enemmistö säteilevistä laitteista on käytössä juuri taajuusalueella 1 Hz–300 GHz.

Tarkka huomio kiinnitetään usein hyvin matalaan taajuuteen (ELF – Extremely Low Frequency) taajuusalueella 3–3 000 Hz, koska WHO on luokitellut tämän taajuusalueen magneettikentän mahdollisesti karsinogeeniseksi (1). Sama järjestö (ehkä kuitenkin eri tiimi) mainitsi kylläkin ylimmäksi taajuudeksi vain 300 Hz. Lisäksi se ehdotti välitaajuusaluetta (300 Hz–10 MHz), jonka kenttää kutsuttaisiin välitaajuudeksi kentäksi (IF Field – Intermediate Frequency Field).

Yksinkertaistaen: monimutkainen, ajan myötä muuttuva kenttä koostuu monesta muuttuvasta yksinkertaisesta kentästä.

Usein, erityisesti korkeataajuisen sähkömagneettisen kentän yhteydessä, kentällä (signaalilla) sanotaan olevan keskitaajuus ja taajuuskaista.

Matalataajuinen magneettikenttä

Matalataajuinen magneettikenttä syntyy, kun matalataajuinen (muuttuva) virta kulkee esimerkiksi kodin sähköjohdoissa tai jos pysyvä magneetti liikkuu. Matalataajuinen magneettikenttä voi tunkeutua syvälle ihmisen kehoon ja indusoida siellä virtoja. Jos taajuudet ovat verrattain korkeita (n. 100 kHz), voi havaita kehon lämpenemistä, minkä seurauksena ihmiselle aiheutuu terveyshaittoja. Matalataajuisen magneettikentän huono ominaisuus on se, että siltä on hyvin vaikea suojautua. Paras tapa on pysyä kaukana säteilevästä lähteestä.

Matalataajuinen sähkökenttä

Matalataajuinen sähkökenttä syntyy varauksista ja jopa ilman virtoja. Jos esimerkiksi pistorasiaan ei ole kytketty mitään mutta siinä on muuttuva jännite, pistorasian viereen voi muodostua voimakas sähkökenttä. Matalataajuinen sähkökenttä vaikuttaa ihmiseen suurin piirtein samalla tavalla kuin matalataajuinen magneettikenttä. Se on WHO:n mukaan kuitenkin haitattomampi kuin matalataajuinen magneettikenttä. Sähkökentiltä on verrattain helppo suojautua.

Korkeataajuinen säteily

Korkeataajuinen säteily syntyy usein varauksien nopeasta liikkumisesta antennissa ja vuotaa vapaaseen avaruuteen. Aivan antennin vieressä on korkeataajuinen sähkökenttä ja korkeataajuinen magneettikenttä. Vähän kauempana antennista alkaa muodostua korkeataajuista sähkömagneettista kenttää. Hyvin kaukana säteilevästä antennista taas on vain korkeataajuinen sähkömagneettinen kenttä – muut kentät ovat merkityksettömiä. Korkeataajuinen sähkömagneettinen kenttä voi tunkeutua ihmisen kehoon ja aiheuttaa kudosten lämpenemistä. Jos taajuus on verrattain matala (noin 100 kHz–10 MHz), sähkömagneettinen kenttä indusoi kehon virtoja.

Usein korkeataajuisia sähkömagneettisia kenttiä kutsutaan radioaalloiksi taajuusalueella 100 kHz–300 GHz (Sami Kännälä, Säteilyturvakeskus eli STUK). Onkin mielenkiintoista, että toinen STUK:n työntekijä (Tommi Toivonen) antoi radioaalloille eri taajuusalueen (3 kHz–300 GHz). Joskus korkeataajuisia sähkömagneettisia kenttiä eli radioaaltoja taajuusalueella 300 MHz–300 GHz kutsutaan mikroaalloiksi. Taajuusalueella 10 MHz–300 GHz niitä puolestaan kutsutaan joskus radiotaajuisiksi sähkömagneettisiksi kentiksi.

Vastaavasti laajassa käytössä on seuraavanlaisia käsitteitä: korkeataajuinen säteily, korkeataajuinen sähkömagneettinen säteily, radiotaajuinen säteily, korkeataajuinen radiosäteily, radiotaajuinen SM-säteily, mikroaaltosäteily, radiotaajuiset sähkömagneettiset kentät (Radiofrequency Electromagnetic Fields – RF/EMF eli RF-EMF), radiotaajuiset (RF) kentät (todennäköisesti juuri kaikki ne, jotka WHO luokitteli mahdollisesti karsinogeenisiksi) ja korkeataajuiset kentät. Varmuuden vuoksi kannattaa kuitenkin aina selvittää säteilyn taajuus ja lähde sekä etäisyys lähteestä.

Usein puhutaan vain korkeataajuisista sähkömagneettisista kentistä, mutta niin voi sanoa korrektisti vain, jos kentät ovat kaukana säteilevästä lähteestä (ns. kaukoalueella).

Jos kentät ovat aivan säteilevän lähteen vieressä (ns. lähialueella), korkeataajuiset sähkömagneettiset kentät (aallot) puuttuvat lähes kokonaan. Alueella on kuitenkin voimakkaita korkeataajuisia sähkökenttiä ja magneettikenttiä. Lähialueella sekä sähkökenttä että magneettikenttä pienenevät etäisyyden myötä paljon nopeammin kuin 1/R (R = etäisyys säteilevästä lähteestä). Joskus lähialueen raja (maksimietäisyys säteilevästä lähteestä) määritellään suunnilleen kaavalla $R = \lambda/2\pi$, missä λ on aallon pituus ja $\pi \approx 3{,}14$. Näin asia onkin, jos antenni on verrattain pieni. Esimerkiksi jos taajuus on 900 MHz ja antenni pieni, lähialueen raja on 5,3 cm. Mutta jos antenni on hyvin suuri (paljon suurempi kuin λ), lähialueen rajaa ei saa määritellä kaavalla $\lambda/2\pi$.

Kaukoalueen raja (minimaalinen etäisyys säteilevästä lähteestä) puolestaan määritellään usein suunnilleen kaavalla $R = 2\lambda$ (joskus kaavalla $R = 6\lambda$), jos antenni on pieni. Esimerkiksi jos GSM-taajuus on 900 MHz, kaukoalue alkaa vähintään 66,7 cm:stä. Täten sähkömagneettisten kenttien tehotiheyttä ei voi mitata korrektisti aivan matkapuhelimen vieressä, koska sieltä puuttuvat sähkömagneettiset kentät (aallot). On harmillista, että eräissä maissa (ei kuitenkaan Suomessa) jopa säteilyturvaviranomaiset tekevät mittauksia vääristä kohdista. Jos antenni on suuri, kaukoalueen raja määritellään joskus suunnilleen kaavalla $R = 2D^2/\lambda$, missä D on antennin suurin halkaisija (tai pituus). Vahvan mikroaaltojen tutka-aseman kaukoalueen raja voi ylittää 20 km.

Ymmärtääkseen, miksi kannattaa puhua vain matalataajuisista sähkökentistä ja magneettikentistä, voi laskea lähialueen rajan hyvin matalataajuisille kentille. Esimerkiksi jos taajuus on 50 Hz, lähialueen raja on 950 km. Täten hyvin matalataajuisia sähkömagneettisia kenttiä (ELF EMF) muodostuu vain hyvin kaukana. Kaukana ollessaan ne ovat myös merkityksettömiä. Tästä johtuu, että terveysvaikutusten suhteen kannattaa tutkia vain matalataajuisia sähkökenttiä ja magneettikenttiä. On harmillista, että suuri joukko tutkijoita teki tärkeässä asiapaperissa (2) virheen väittäessään, että ELF EMF luokiteltiin mahdollisesti karsinogeeniseksi, sillä todellisuudessa luokitus koskee ainoastaan ELF-magneettikenttiä (3).

Utelias lukija voi kysyä, mitä eroa siinä sitten on. Keinotekoinen ELF EMF eli hyvin matalan taajuuden sähkömagneettinen kenttä muodostuu siis hyvin kaukana säteilevästä lähteestä ja on sen takia merkityksettömän heikko. Keinotekoinen ELF-magneettikenttä eli hyvin matalan taajuuden magneettikenttä puolestaan on lähes joka kodissa – joskus melko voimakkaana, erityisesti jos säteilevä laite on lähellä. Tällöin seurauksena voi olla terveyshaittoja ja vakavia sairauksia.

Schumannin aalto kuuluu poikkeuksiin. Tämä seisova aalto on resonaattorissa (maapallon ja ionosfäärin välillä), mutta sen taajuus on hyvin pieni (n. 8 Hz). Se on kuitenkin aito aalto (ELF EMF).

Lähialueen ja kaukoalueen välillä on alue, jolla korkeataajuiset sähkömagneettiset kentät (aallot) muodostuvat ja jolla on myös korkeataajuisia sähkökenttiä ja magneettikenttiä. Seuraavassa luettelossa on esitetty käsitteitä, jotka liittyvät matkapuhelimen käytöstä syntyvään pään lämpenemiseen: radiotaajuiset kentät, korkeataajuiset kentät, korkeataajuinen säteily, radiotaajuinen säteily ja korkeataajuinen radiosäteily. Puhelimen käyttäjän pää nimittäin yleensä lämpenee korkeataajuisilla sähkömagneettisilla kentillä, korkeataajuisilla magneettikentillä ja korkeataajuisilla sähkökentillä samanaikaisesti.

Kaukoalueella on vain korkeataajuisia sähkömagneettisia kenttiä (aaltoja). Ne koostuvat sekä sähkökentästä että magneettikentästä. Sähkömagneettisen kentän tuntomerkkinä on, että sen sähkökenttä ja magneettikenttä pienenevät vapaassa avaruudessa etäisyyden myötä kuten 1/R. Tätä seikkaa kannattaa hyödyntää mittauksissa.

Verrattain matalataajuinen (n. 100 kHz–10 MHz) sähkömagneettinen kenttä tunkeutuu hyvin ihmisen kehoon ihon kautta mutta ei aiheuta resonanssia kehossa. Ihmisen kokoinen metallinen suojakilpi ei suojaa tuolta säteilyltä juuri lainkaan, koska kenttä ohittaa suojakilven ja pääsee sen taakse. Verrattain korkeataajuinen (n. 800 MHz–300 GHz) sähkömagneettinen kenttä (aalto) puolestaan tunkeutuu melko huonosti ihmisen kehoon ihon kautta mutta voi resonoida ihmisessä. Ihmisen kokoinen metallinen suojakilpi voi suojata tältä säteilyltä hyvin, koska säteily kulkee pääosin suoraan eikä pääse suojakilven taakse vapaasti.

Laitteiden valmistajat saattavat joskus väittää, että tietty laite on korkeataajuinen, vaikka se toimii kHz-taajuusalueella.

Lyhenne HF (High Frequency) tarkoittaa joskus, että säteilyn taajuus on 3 MHz:n ja 30 MHz:n välillä. LF (Low Frequency) taas tarkoittaa joskus 3–300 kHz:n taajuutta.

Huom! Kuten ICNIRP (The International Commission on Non-Ionizing Radiation Protection) ja WHO ovat ehdottaneet, lyhenne LF tarkoittaa usein taajuusaluetta 1 Hz–100 kHz. Lyhenne HF taas tarkoittaa usein taajuusaluetta 100 kHz–300 GHz ICNIRP:n ehdotuksen mukaisesti.

Emme käsittele tässä teoksessa juurikaan ionisoimatonta säteilyä, jota kohdistuu ihmiseen tarkoituksellisesti esimerkiksi lääkärin suorittamassa hoitotoimenpiteessä.

Haluamme korostaa, että kehon sähkövirrat ja lämpeneminen ovat kiistattomia ilmiöitä. Kiistanalaisia kysymyksiä ovat kuitenkin muun muassa säteilyn sallitut rajat (normit), mahdollisten oireiden ja sairauksien syyt, säteilevien laitteiden haitat ja vaarat sekä muut (kuin lämpö- ja virta) ilmiöt.

Ennen kuin siirrymme käsittelemään konkreettista säteilyä, on siis hyvin tärkeää kertoa rehellisesti ja kriittisesti erilaisista normeista, joiden pitäisi suojata ihmisiä säteilyltä.

1. Summary of Data Reported and Evaluation. http://monographs.iarc.fr/ENG/Monographs/vol80/mono80-6E.pdf , 2002.
2. International EMF Scientist Appeal. http://emfscientist.org/index.php/emf-scientist-appeal , 2015.
3. Ostroumov G. About International EMF Scientist Appeal. http://www.buergerwelle.de:8080/helma/twoday/bwnews/stories/6530/, 24.5.2015.

Luku 2. Normeista

Kun puhutaan säteilyn haitoista ja vaaroista, olisi hyvä viitata johonkin raja-arvoon (vaikka ihmiset – kuten myös muut luontokappaleet – reagoivatkin yksilöllisesti). Suomessa säteilylle on määritetty raja-arvo. Toisinaan kuulee väitettävän, että jos säteily jää raja-arvon alle, se ei voi aiheuttaa terveysongelmia. Näin pitäisikin olla: Säteilyn vaarallisuuden pitäisi käydä ilmi voimassa olevista kansallisista normeista. Ja jos normit on aikoinaan asetettu väärin, ne pitäisi korjata.

Normit on asetettu väärin

Valitettavasti normit onkin asetettu väärin: jostakin tuntemattomasta syystä ICNIRP:n lyhytaikaiselle säteilylle antamat normit otettiin käyttöön monessa maassa (myös Suomessa) myös pitkäaikaista säteilyä koskevina normeina. Normien alkuperäinen tarkoitus vuonna 1998 oli siis suojata ihmistä lyhytaikaiselta säteilyltä (jonka pituutta ei määritellä). Myös WHO on suositellut kaikille valtioille ICNIRP:n normeja. Vaikuttaa kuitenkin siltä, että muutamat valtiot ottivat ICNIRP:n ehdottamat lyhytaikaisen säteilyn normit käyttöönsä sellaisinaan ja "unohtivat", etteivät ne koske väestön altistamista jatkuvalle säteilylle. Puolen tunnin saunominen on varmasti terveellistä, mutta entä jos oleskelee kuumassa saunassa jatkuvasti?

Mistä voisi löytää tieteeseen perustuvia turvarajoja, jotka suojaavat säteilyn pitkäaikaisvaikutuksilta? Niitä löytyy esimerkiksi EN:n, WHO:n ja tutkijoiden ehdotuksista (1–3). Lähteistä voidaan huomata, että maailman arvostetuimmat tutkijat kehottavat noudattamaan paljon pienempiä raja-arvoja.

Valitettavasti lähes kaikki ihmiset kärsivät säteilystä tavalla tai toisella, vaikkei sen voimakkuus ylittäisi edes tuhannesosaa Suomessa sallitusta rajasta.

Miten näin on päässyt käymään? Suomen nykyiset normit (4) perustuvat valitettavasti pääosin yhä ICNIRP:n vuoden 1998 suositukseen, joka koski lyhytaikaista altistusta (5) eikä jatkuvaa säteilyä. Kuka sallii sen ja miksi? Onko kyseessä rikos? Koko Suomen kansa kärsii voimakkaasta säteilystä tahtomattaan jatkuvasti. ICNIRP:n tiedemiehet laativat suosituksen vain lyhytaikaista säteilyä varten, eivät jatkuvaan säteilyaltistukseen. Jos joku ei usko sitä, hänen kannattaa lukea tärkeä osa (Basis for Limiting Exposure) ICNIRP:n suosituksesta (5):

"1. Induction of cancer from long-term EMF (electromagnetic fields) exposure was not considered to be established, and so these guidelines are based on short-term, immediate health effects such as stimulation of peripheral nerves and muscles, shocks and burns caused by touching conducting objects, and elevated tissue temperatures resulting from absorption of energy during exposure to EMF.

2. In the case of potential long-term effects of exposure, such as an increased risk of cancer, ICNIRP concluded that available data are insufficient to provide a basis for setting exposure restriction."

ICNIRP antoi suosituksensa siis vain lyhytaikaiselle altistukselle. Vuonna 2008 ICNIRP:n pääjohtaja vielä vahvisti asian (6).

Näin ollen Suomen (sekä mm. USA:n, Kanadan, Saksan, Ison-Britannian, Ruotsin ja Japanin) normit suojaavat ihmisiä todellisuudessa vain akuuteilta vaikutuksilta (suurilta virroilta kehossa ja kehon voimakkaalta lämpenemiseltä). On outoa ja surullista, ettei Suomen laki mainitse lainkaan sitä, että normeja voi käyttää vain lyhytaikaisen säteilyn yhteydessä.

Miksi Suomi käyttää lyhytaikaiselta altistukselta suojaavia rajoja myös jatkuvan säteilyn yhteydessä? Laki, jonka pohjana on käytetty ICNIRP:n lyhytaikaisen säteilyn turvarajaa, ei voi mitenkään suojata suomalaisia jatkuvalta säteilyltä. Ilmeisesti teollisuus on saanut vapaat kädet tehdä voittoja. Tämän lain (asetuksen) allekirjoittivat vuonna 2018 perhe- ja peruspalveluministeri Annika Saarikko ja hallitussihteeri Helena Korpinen, jotka varmasti halusivat pitää huolta kaikista suomalaisista. Mutta kuka poisti hyvin tärkeän ICNIRP:n rajauksen (jonka mukaan rajat sopivat vain lyhytaikaiseen säteilyyn) ja miksi hän teki sen tuosta vain? Seurauksena on, että asetusta sovelletaan myös pitkäaikaiseen (jopa jatkuvaan) säteilyyn, esimerkiksi säteilyyn matkapuhelimien tukiasemasta ja voimalinjasta. Vastaavasti pitkäaikaisesta säteilystä kärsivien ihmisten määrä nousee ennennäkemättömällä tavalla.

Suomessa muutama avainhenkilö olisi voinut vaikuttaa kunnollisen lain laatimiseen. Se olisi varmasti myös kuulunut heidän tehtäviinsä sekä Suomessa että ICNIRP:ssa. Osallistuivatko he lain laadintaan? Miksi he eivät kertoneet suomalaisille, että ICNIRP:n tiedemiehet laativat suosituksen vain lyhytaikaista säteilyä varten, eivät jatkuvaan säteilytykseen? Tilanne pitäisi ehdottomasti korjata. Tutkimustyötä tehdään jatkuvasti ympäri maailmaa, ja pitkäaikaisen säteilyn rajoja ehdotetaan yhä pienemmiksi.

Rajojen valinta

Meidän mielestämme rajat tulisi määrittää siten, että ne

- suojaavat ihmisiä hyvin
- perustuvat useaan kunnolliseen (mieluiten riippumattomaan) tutkimukseen
- ottavat huomioon teknisen kehityksen mahdollisuuden ilman merkittäviä rajoituksia ja luovat (ensisijaisesti yhteiskunnalle) mahdollisuuden saada taloudellista etua
- pystytään mittaamaan ja arvioimaan säteilyn nopeasti ja luotettavasti.

Mitä hyötyä ihmisille on siitä, että tiedemies laskee SAR:n (Specific Absorption Rate) ja sähkökentän voimakkuuden kuvitellun malli-ihmisen (fantomin) sisällä (aiemmin siitä laskettiin vastaava virrantiheys)?

On mielenkiintoista, että vuonna 2008 ICNIRP:n pääjohtaja vihdoin ehdotti strategiaa rajojen valitsemiseksi pitkäaikaiselle säteilylle, vaikka hän samalla mainitsikin, ettei se kuulu ICNIRP:n tehtäviin (6). ICNIRP:n mukaan mitä korkeampi raja (sallittu altistus eli raja-arvo) on, sitä pienemmät taloudelliset kustannukset ja suuremmat terveyskustannukset ovat. Ja päinvastoin: mitä matalampi raja on, sitä pienemmät terveyskustannukset ja suuremmat taloudelliset kustannukset ovat.

Emme halua haitata taloudellista toimintaa, sillä raja-arvoja voi tiukentaa ilman voittojen menetyksiä. Emme hyväksy sitäkään, että uusi teknologia altistaa ihmisiä entistä enemmän. Meidän mielestämme kaikki riippuu konkreettisesta teknologiasta. Siitä on kolme esimerkkiä (7). On olemassa myös muita ratkaisuja:

- led (Light-Emitting Diode)-lamppujen valitseminen CFL (Compact Fluorescent Lamp) lamppujen asemesta (8)
- radiolinkkien korvaaminen valokaapeleilla (9–13)
- vanhojen (putki)televisioiden korvaaminen led- ja LCD (Liquid Crystal Display)-televisioilla
- haitallisen maanpäällisen televisioverkon korvaaminen kokonaan satelliitti- ja kaapelitelevisioilla
- älykkäiden antennien käyttäminen 4G- ja 5G-tukiasemissa, mikä voisi pienentää säteilyä merkittävästi.

Raja-arvojen pudottamisesta puhuttaessa tukiasemien operaattori joskus viekastelee ja väittää, että säteilyn pienentäminen aiheuttaa sille suuret kustannukset. Todellisuudessa operaattori haluaa saada enemmän asiakkaita ja parantaa palveluaan. Juuri siksi se rakentaa uusia tukiasemia ja pienentää säteilyn kokonaismäärää. Onhan eräissä paikoissa Suomessa (9) varsin kohtuullinen säteilytaso (n. 100 $\mu W/m^2$), mikä ei kuitenkaan vaadi operaattoreilta lisäkustannuksia. Tosin jos kyseessä olisi säteilyn merkittävä laskeminen (enintään 10 $\mu W/m^2$), kustannuksiakin tulisi varmasti enemmän.

Aloimme kirjoittaa säteilyn vaaroista ja haitoista jo vuonna 2009. Olemme kirjoituksissamme viitanneet moneen riippumattomaan tutkimukseen. Valitettavasti joskus käy niin, että skeptikot kritisoivat noiden tutkimusten tuloksia. Tilanne onkin pysynyt samana – Suomessa ei vielä ole lakia, joka suojaisi ihmisiä pitkäaikaiselta säteilyltä. Joissakin maissa (mm. Bulgariassa, Italiassa, Venäjällä, Ukrainassa, Kiinassa ja Luxemburgissa) laki suojaa ihmisiä juuri pitkäaikaiselta säteilyltä. Siellä korkeataajuisen säteilyn raja-arvo on noin sadasosa Suomen raja-arvosta.

Viimeisimmät tutkimukset osoittavat kuitenkin, että valitettavasti tämäkin raja-arvo on riittämätön hyvää suojausta ajatellen, mikäli säteily on pitkäaikaista.

Monessa maassa työntekijä saa etuja, jos hän on työssään tekemisissä ionisoimattoman säteilyn kanssa. Esimerkiksi Neuvostoliitossa tällaisen työntekijän työpäivä oli kaksi tuntia lyhyempi kuin muilla, mutta palkka oli silti sama. Lisäksi työntekijällä oli oikeus päästä varhaiseläkkeelle. Säteilyn piti olla 10–100 μW/cm^2, jotta työntekijä saisi etuja. Jos se oli 100–1 000 μW/cm^2, työntekijän sallittiin työskennellä vain 15 minuuttia kerrallaan. Nykyään monessa maassa, Suomessakin, sekä aikuisten että lasten on sallittua olla 100–1 000 μW/cm^2:n säteilyn vaikutuksessa vaikka koko elämänsä ajan.

Vuonna 2002 WHO luokitteli matalataajuiset magneettikentät mahdollisesti karsinogeenisiksi lapsille, jos magneettivuon tiheys ylittää 0,3–0,4 μT (1). Valitettavasti Suomen lakiin ei ole kuitenkaan tehty järkeviä muutoksia. Raja oli ennen 100 μT (50 Hz:lle), mutta uudessa säteilylaissa se on noussut ja on nyt 200 μT. Miksi ei 0,3 μT? Tavallisestihan valitaan turvakerroin 10, jolloin voisimme kysyä: *"Miksi ei 0,03 μT?"* Vastausta ei ole saatu. Kokemuksemme mukaan magneettivuon tiheys ei yleensä ylitä 0,03 μT asuinpaikoissa. 0,03 μT ei myöskään aiheuta haittaa taloudelle. Kun kirjoitamme tässä kirjassa säteilystä, käytämme ehdottomasti juuri tuota WHO:n rajaa. Puhumme pääosin matalataajuisen säteilyn mahdollisesta haitasta, jos säteily ylittää jonkin hyvin tunnetun normin (esim. 0,3–0,4 μT) mutta ei Suomen normia. Jos altistus matalataajuiselle säteilylle ylittää Suomen normin, joudumme puhumaan mahdollisesta vaarasta.

Vuonna 2011 skeptikoiden "Berliinin muuri" romahti. WHO luokitteli RF-kentät (säteilyt) mahdollisesti syöpävaarallisiksi (14). Lähes samanaikaisesti EN antoi kaikille jäsenvaltioille suosituksensa rajoittaa heti pitkäaikaisten sähkömagneettisten kenttien tehotiheys maksimitasolle 1 000 µW/m^2 ja lähitulevaisuudessa alle 100 µW/m^2 (2). Valitettavasti Suomessa ja monessa muussa maassa sallitaan yhä jopa 10 000 000 µW/m^2 pitkäaikaiselle säteilylle puhumatta mitään ajasta. Miksi? Käytämme ehdottomasti EN:n rajaa kirjoittaessamme tässä kirjassa säteilystä. Puhumme korkeataajuisen säteilyn mahdollisesta haitasta, jos säteily ylittää jonkin hyvin tunnetun normin (esim. 100 µW/m^2) mutta ei Suomen normia. Jos altistus korkeataajuiselle säteilylle ylittää Suomen normin, joudumme puhumaan mahdollisesta vaarasta. Mielestämme EN:n suositus on hyvä kompromissi, koska toisaalta taso (1 000/100 µW/m^2) antaa hyvät edellytykset teollisuudelle ja toisaalta suojaa hyvin ihmisiä vakavilta sairauksilta.

Rehellisesti sanoen toivoisimme, että rajana olisi jo nykyään 1 µW/m^2. Monen tutkijan mielestä se ei aiheuta tavalliselle ihmiselle haittaa. Valitettavasti radiotaajuisen säteilyn rajaa tuskin milloinkaan asetetaan lakiin pienemmäksi kuin 1 µW/m^2, koska se jarruttaisi taloutta ja teknistä kehitystä tuntuvasti. Käytännössä se merkitsee sitä, että ihminen, joka kärsii hyvin heikostakin säteilystä (sähköyliherkkä), joutuu ryhtymään suojaustoimenpiteisiin.

Vielä yksi hyvin tärkeä asia: Mielestämme säteilylle pitäisi asettaa vain sellaisia arvoja, jotka on helppo mitata ja arvioida. Aika monessa maassa (Irlannissa, Sveitsissä, Ukrainassa, Venäjällä jne.) päätös tehdään välittömästi säteilyn mittaamisen jälkeen – toisin sanoen säteilyn mittaaja voi heti kertoa vaarasta. ICNIRP:n terminologian mukaan voi sanoa, että viitetasot (Reference Levels) toimivat vain näissä maissa. Myös Suomessa on viitetasoja, joita kutsutaan toimenpidetasoiksi. Niitä ovat ulkoinen sähkökentän voimakkuus, ulkoinen magneettivuon tiheys ja ekvivalenttinen tehotiheys (6 GHz:iin saakka). Mutta toimivatko ne? Tässä sana ulkoinen tarkoittaa, että kenttä tulee ulkoisesta lähteestä ja mitataan ihmisen vierestä.

Suomessa tarkastaja mittaa esimerkiksi säteilyn tehotiheyden (6 GHz:iin saakka), mutta hän ei voi kertoa tulosta eikä varoittaa vaarasta heti, vaikka mikroaaltosäteily olisi hiljalleen polttamassa ihmistä. ICNIRP:n sekä sosiaali- ja terveysministeriön (STM) suositusten mukaan Suomessa pitää käyttää kuviteltua malli-ihmistä ominaisabsorptionopeuden arvon (SAR) laskemisessa.

Täten käytetään ainoastaan kuviteltua raja-arvoa (Basic Restriction), ja vain kuviteltu arvo voi varoittaa vaarasta. Kuka arvon laskee? Minkälaisia arvoja tulee mitata? Missä? Miten? Ketä varten tarvitaan näin monimutkainen menetelmä?

Emme tiedä, kuinka usein menetelmää käytetään Suomessa (tässä ei käsitellä matkapuhelimien SAR-mittauksia), mutta näin asia kuitenkin on. Samanlainen on tilanne matalataajuusalueella. Lähes kaikkialla maailmassa mitataan ulkoista magneettivuon tiheyttä ja/tai ulkoista sähkökentän voimakkuutta (toimenpidetasoja). Jos toimenpidetasojen rajat ylitetään, monessa maassa päätellään välittömästi, että kenttä on vaarallinen.

Mutta ICNIRP:n ja STM:n suositusten mukaan päätös kentän vaarallisuudesta tehdään Suomessa ensisijaisesti sisäisen sähkökentän voimakkuuden perusteella. Jälleen pitää käyttää kuviteltua ihmisen mallia ja laskea sen sisäinen sähkökenttä. Näin ollen myös sisäisen sähkökentän voimakkuuden raja-arvo (Basic Restriction Quantity) on kuviteltu. Kysymyksiä siis riittää.

Alla on kaksi asiaan liittyvää tapausta.

1. GSM-matkapuhelimesta voi tunnetusti vuotaa erittäin vahvaa matalataajuista magneettikenttää (Suomen magneettivuon tiheyden vanha suositus ylittyy joskus moninkertaisesti). Sen takia suomalaiset tutkijat laskivat vuonna 2004 (15) sekä magneettivuon tiheyden että virrantiheyden (vanhassa STM-asetuksessa raja-arvona oli virrantiheys). Heidän mukaansa magneettivuon tiheys saattoi ylittää Suomen (ja muidenkin maiden) magneettivuon tiheyden normin moninkertaisesti. Sen sijaan kuvitellun mallin sisällä laskettu virrantiheys ei ylittänyt Suomen virrantiheyden raja-arvoa. Laskelmilla muka taataan turvallisuus. Valitettavasti tutkijat eivät kertoneet, että turvallisuus taataan vain sellaisissa maissa, joissa käytetään virrantiheyden raja-arvoa. Monella maalla ei kuitenkaan ole virrantiheyden raja-arvoa lainkaan. Niissä maissa GSM-matkapuhelimien käyttö on siis vaarallista, koska magneettivuon tiheyden toimenpidetaso ylitetään moninkertaisesti.

Kokemuksemme mukaan usein myös GSM-matkapuhelimen sähkökentän voimakkuus ylittää Suomen normin. Kysymyksiä herää heti: Kuka teki päätöksen, että vain (2G) GSM-matkapuhelimien SAR-arvoa tarvitsee mitata, jos matalataajuisetkin kentät voivat olla vaarallisia? Miksi päätös tehtiin? Kuka nukkuu nyt ja miksi?

2. Sveitsissä IT'IS Foundation tutki vuonna 2010 CFL-lamppuja (16), koska niistä vuotaa usein hyvin voimakasta

ulkoista matalataajuista sähkökenttää, jonka voimakkuus voi ylittää Sveitsin toimenpidetason (Reference Level).

Tutkimuksen yhteydessä tehtiin hyvin monimutkainen ihmisen malli, mitattiin ulkoisen sähkökentän voimakkuus ja laskettiin virrantiheys mallin sisällä. Ulkoisen sähkökentän voimakkuus saattoi ylittää Sveitsin ja ICNIRP:n toimenpidetason. Virrantiheys ei kuitenkaan ylittänyt ICNIRP:n virrantiheyden raja-arvoa (Basic Restriction). Tästä tehtiin johtopäätös, että CFL-lamput ovat vaarattomia. Sveitsissä suoritettu tutkimus jättää huomiotta Sveitsin lain, koska tuo laki ei sisällä virrantiheyden raja-arvoa lainkaan. Sen mukaan sovelletaan vain ulkoisen sähkökentän voimakkuutta. Täten Sveitsissä ja monessa muussa maassa CFL-lamppujen (ei led-lamppujen) käyttö pitäisi kieltää tai sitä tulisi rajoittaa merkittävästi esimerkiksi turvaetäisyyden avulla.

Terve järki sanoo: *"Todellinen syy (esim. korkeataajuinen tehotiheys, ulkoinen matalataajuinen magneettivuon tiheys tai ulkoinen matalataajuinen sähkökentän voimakkuus) ei muutu, ja ne mitataan aina hyvin. Seuraus (SAR-arvo, sisäinen sähkökentän voimakkuus tai virrantiheys kehon sisällä) on aina riippuvainen elävästä ihmisestä. On ilmeistä, että elävästä ihmisestä ei saa mitata SAR-arvoa, sisäistä sähkökentän voimakkuutta eikä virrantiheyttä lainkaan."* Miksi ICNIRP ehdottaa niin monimutkaisia menetelmiä?

Uudessa STM:n asetuksessa sanotaan: *"Jos altistusta ei voida määrittää luotettavasti, on sovellettava toimenpidetasoja."* Mutta kuka tekee päätöksen siitä?

Käytännössä esim. tutkija voi mitata hyvin voimakkaan tehotiheyden (yli 1 mW/cm^2). Jos signaalin taajuus on yli

6 GHz, tehotiheys arvioidaan STM:n asetuksen mukaan ehdottomasti kuten altistuksen raja-arvo. Jos tehotiheys ylittää sallitun raja-arvon (1 mW/cm^2), säteily on ehdottomasti vaarallista.

Mutta jos signaalin taajuus on pienempi kuin 6 GHz, jonkun pitää tehdä päätös, miten altistus arvioidaan. Joku (kuka?) voi päättää, että altistusta ei voida määrittää luotettavasti ja on sovellettava toimenpidetasoja. Siinä tapauksessa tehotiheys arvioidaan kuten altistuksen toimenpidetaso. Jos tehotiheys ylittää sallitun raja-arvon (0,2–1 mW/cm^2, taajuuden mukaan), säteily on ehdottomasti vaarallista.

Mutta joku voi myös päättää, että altistus voidaan määrittää luotettavasti. Siinä tapauksessa tehotiheyden mittauksen lisäksi jonkun pitää laskea erilaisia SAR-arvoja: keskimääräinen koko kehon SAR, paikallinen SAR päässä, paikallinen SAR vartalossa ja paikallinen SAR raajoissa (4). Jos laskenta osoittaa, että mikään SAR-arvo ei ylitä sallittuja raja-arvoja, säteily katsotaan vaarattomaksi. Jos vaikka vain yksikin SAR-arvo ylittää sallitun raja-arvon, säteily on vaarallista.

SAR-arvoja voisi ehkä käyttää matkapuhelimien yhteydessä, mutta miksi pitää tuhlata paljon rahaa hyvin monimutkaisen ihmismallin luomiseen, kun kaikki tietävät, että maailmassa ei ole kahta samanlaista ihmistä? Paljon edullisempaa ja rehellisempää olisi valita jokin yksinkertainen malli. Meidän mielestämme paras ratkaisu matkapuhelimien suhteen olisi rajoittaa lähtötehon ja antennien vahvistusta.

Normeja pitkäaikaiselle säteilylle

TCO Development on ehdottanut 30 cm:n etäisyydellä oleville kannettaville tietokoneille seuraavia normeja (17):

- sähkökentän voimakkuus 10 V/m:n taajuusalueella 5 Hz–2 kHz ja 1 V/m:n taajuusalueella 2–400 kHz
- magneettivuon tiheys 0,2 µT taajuusalueella 5 Hz–2 kHz ja 0,025 µT taajuusalueella 2–400 kHz.

Baubiologie on ehdottanut haitattomalle asuinpaikalle seuraavia normeja (18):

- sähkökentän voimakkuus 1 V/m (matalataajuinen sähkökenttä)
- magneettivuon tiheys 0,02 µT (matalataajuinen magneettikenttä)
- tehotiheys 0,1–1 µW/m² (korkeataajuinen sähkömagneettinen kenttä).

Itävallan lääkäriliitto on suositellut seuraavaa (19):

- sähkökentän voimakkuus 0,3 V/m (matalataajuinen sähkökenttä)
- magneettivuon tiheys 0,02 µT (matalataajuinen magneettikenttä)
- tehotiheys 1 µW/m² (korkeataajuinen sähkömagneettinen kenttä).

Korkeataajuinen sähkömagneettinen kenttä (tehotiheys, µW/m²) on Venäjällä 100 000, Ukrainassa 40 000, Moskovassa 20 000, Pariisissa 10 000 ja Salzburgissa 1.

Lyhyt kommenttimme: Haluaisimme, että juuri matalimmat enimmäisarvot olisi kirjattu lakiin, vaikka ymmärrämmekin, että se ei todennäköisesti onnistu. Siitä huolimatta toivomme, että ainakin WHO:n ja EN:n normisuosituksia arvostettaisiin kovasti sekä tässä kirjassa että valtioiden laeissa. Kehotamme päättäjiä ottamaan huomioon, että WHO ja EN pitävät huolta sekä terveydestä että taloudesta. WHO:n ja EN:n suositukset perustuvat tuhansiin riippumattomiin tutkimuksiin. EN tietenkin tajuaa, että Euroopan taloudelle, teollisuudelle ja puolustusvoimille on pakko antaa mahdollisimman laaja vapaus, jotta ne menestyisivät kilpailussa. Sen takia korostamme, että uusi turvaraja pitkäaikaisille korkeataajuisille sähkömagneettisille kentille pitäisi asettaa juuri varovaisuusperiaatteena. Toisin sanoen turhaa, voimakasta ihmisten altistamista säteilylle pitäisi välttää aina, kun se ei aiheuta suuria lisäkustannuksia taloudelle, teollisuudelle tai puolustusvoimille.

Erityisesti haluamme mainita ne ehdotukset (3), joiden mukaan pitkäaikainen säteily kestää vähintään neljä tuntia päivässä. Enimmäisarvoja siinä annetaan myös erikseen: päiväksi, yöksi ja sähköyliherkille. Mielestämme juuri nämä ehdotukset luovat hyvän pohjan pitkäaikaisen säteilyn normien luomiseen.

Toki myös lyhytaikaiselle säteilylle (matkapuhelimet, tablettitietokoneet jne.) tarvitaan tiedepohjaisia enimmäisarvoja. On tärkeää saada vastaus kysymykseen säteilyn kestosta (20). Kuinka kauan lyhytaikainen altistus voi kestää? Se on peruskysymys ICNIRP:lle, jonka ehdotukset koskevat lyhytaikaista säteilyä – mikä on aikaraja? Se on hyvin tärkeä seikka esimerkiksi matkapuhelimen käyttäjälle.

Enimmäisarvojen ei kuitenkaan pidä olla riippuvaisia säteilevistä lähteistä ja mittareista.

Hyvin vaikeaksi tehtäväksi on osoittautunut normien luominen tutkasäteilylle. ICNIRP on ehdottanut oudosti (5), että tutkan säteily voisi olla jopa tuhatkertaisesti voimakkaampaa kuin jatkuva säteily. Perustelu tähän on selvä: koska tutkan pulssi on hyvin lyhyt (esim. säteilyä tulee vain tuhannesosa ajasta), tutkan maksimitehotiheys voisi olla noin tuhatkertaisesti voimakkaampi, jotta tutkan lämpövaikutus olisi samansuuruinen kuin jatkuvan säteilyn lämpövaikutus. Monen riippumattoman tutkijan mielestä pulssimainen säteily on kuitenkin paljon vaarallisempaa kuin jatkuva säteily. Siksi he päinvastoin ehdottavat tutkan säteilylle tiukempaa normia (18). Jos tämä normi olisi otettu käyttöön, osa tutkista (esim. säätutkat) olisi jouduttu poistamaan käytöstä.

Seuraavassa on esitetty lyhyesti lähtökohdat/suositukset pitkäaikaisen säteilyn mittaamiseen (3, 21).

Tavalliselle, ei-herkistyneelle ihmiselle:

- matalataajuinen sähkökenttä (sähkökentän voimakkuus) enimmillään 10 V/m:n taajuusalueella 1 Hz–2 kHz ja 0,1 V/m:n taajuusalueella 3 kHz–3 MHz (maksimiarvo)
- matalataajuinen magneettikenttä (magneettivuon tiheys) 100 nT:n taajuusalueella 1 Hz–2 kHz ja 1 nT:n taajuusalueella 3 kHz–3 MHz (keskimääräinen arvo)
- korkeataajuinen sähkömagneettinen kenttä (tehotiheys), enimmillään ulkotiloissa 1 000 $\mu W/m^2$ ja sisätiloissa 100 $\mu W/m^2$.

Sähköyliherkälle ihmiselle:

- matalataajuinen sähkökenttä (sähkökentän voimakkuus, maksimiarvo) 0,3 V/m:n taajuusalueella 1 Hz–2 kHz ja 0,003 V/m:n taajuusalueella 3 kHz–3 MHz
- matalataajuinen magneettikenttä (magneettivuon tiheys) 30 nT:n taajuusalueella 1 Hz–2 kHz ja 0,3 nT:n taajuusalueella 3 kHz–3 MHz (keskimääräinen arvo)
- korkeataajuinen sähkömagneettinen kenttä (maksimitehotiheys) 0,1 $\mu W/m^2$.

Hyvä tietää:
1 W/m^2 = 1 000 mW/m^2 = 1 000 000 μW/m^2
1 mW/cm^2 = 10 000 mW/m^2 = 10 000 000 μW/m^2
1 T = 1 000 mT = 1 000 000 μT = 1 000 000 000 nT
1 T = 10 000 G, 1 μT = 10 mG.

Uusi säteilylaki

Vuonna 2017 kritisoimme uutta säteilylakiprojektia (22). Uuden säteilylain oli tarkoitus astua voimaan 1.1.2018. Valitettavasti lakiluonnoksessa ei otettu lainkaan huomioon WHO:n varoituksia vuodelta 2002 eikä EN:n suosituksia vuodelta 2011, joiden mukaan säteilyn raja-arvoja pitäisi madaltaa merkittävästi. Päinvastoin: nykyisen lain mukaan raja-arvoja ei saa ylittää, mutta lakiehdotus sallisi ylittämisen kosmeettisissa toimenpiteissä. Haluaisimme tietää, millaisissa kosmeettisissa toimenpiteissä ihminen voitaisiin altistaa raja-arvot ylittävälle säteilylle. Entä mikä olisi lakiehdotuksen tarkoittama *"kosmeettiseen toimenpiteeseen verrattava toimenpide"*?

Näin aika väljä lakiluonnoksen muotoilu saattaa tahattomasti poistaa raja-arvoja sieltä, missä niitä kipeästi tarvittaisiin. Nykyään tuodaan markkinoille kaikenlaisia oman terveyden tarkkailuun tarkoitettuja sovelluksia, joita käytetään älypuhelimella. Pitääkö lakiluonnos niitä *"kosmeettisina tai niihin verrattavina toimenpiteinä"*? Ihmisten olisi hyvä tietää, että tällöin kosmeettisen tai muun vastaavan toimenpiteen suorittaminen pään alueella aiheuttaa suuren riskin sairastua glioomaan eli aivokasvaimeen. On tieteellinen tosiasia, että kännykän käyttö lisää riskiä sairastua glioomaan (23, 24, 25). Tämä terveysriski on melko pieni, koska tehonsäädön vuoksi kännykän keskimääräinen lähtöteho on tavallisesti heikko. Mutta kosmeettinen toimenpide suoritetaan aina voimakkaalla lähtöteholla, joka ylittää nykyisin sallitun rajan. Juuri sen takia riski sairastua glioomaan voi olla hyvin suuri. Onko uuden säteilylain tarkoitus suojella ihmisiä säteilyltä vai teollisuutta oikeusjutuilta?

Mitä on tapahtunut myöhemmin? Uusi säteilylaki astui voimaan 15.12.2018, ja samana päivänä astui voimaan myös vastaava STM-asetus. Entinen säteilylaki oli ollut voimassa vuodesta 2002 lähtien. Olimme luulleet, että päivitys olisi ollut hyvin aiheellinen, koska kuluneina vuosina on julkaistu paljon uutta tutkimustietoa ionisoimattoman säteilyn haitoista. Mielestämme kaikkein tärkeintä on, että WHO:n syöväntutkimuslaitos (IARC) on monografioissaan luokitellut sekä hyvin matalataajuiset magneettikentät (2002) että radiotaajuiset kentät (2011) mahdollisesti karsinogeenisiksi ihmiselle (2B) ja että EN suositteli (2011) kaikille jäsenvaltioille varovaisuusperiaatteen rajan asettamista pitkäaikaisille radiotaajuisille kentille.

Valitettavasti uuteen säteilylakiin ei lainkaan mahdu WHO:n eikä EN:n varoituksia eikä suosituksia. On mielenkiintoista, että säteilyturvaviranomaiset yleensä sanovat Suomen noudattavan ICNIRP:n suosituksia. Todellisuudessa ICNIRP:n uusia suosituksia radiotaajuisille kentille ei otettu käyttöön vielä vuonna 2018, vaikka uusi STM-asetus astui silloin voimaan. Suomi teki näin varmaankin siksi, että ICNIRP:ssä työskenteli vuonna 2018 peräti viisi suomalaista. Mitä uusi STM-asetus sitten noudattaa?

Mielestämme säteilyturvaviranomaisten kannattaisi kertoa kansalaisille säteilyn mahdollisista haitoista esimerkiksi antamalla varovaisuusperiaatteen raja-arvoja.

Ihmiskuntahan ei saa hyötyä siitä, että ihminen voi sairastua tietämättään.

Mitä uutta uusi STM-asetus toi (4)? Siinä ei ainakaan ole enää tiettyjä epämääräisiä ilmauksia: *"kun väestön altistumisaika näille kentille on merkittävä", "ei kestä merkittävää aikaa", "ei voida luotettavasti arvioida"*. Valitettavasti epämääräinen ilmaus on säilynyt vielä yhdessä lauseessa: *"Jos altistusta ei voida määrittää luotettavasti, on sovellettava toimenpidetasoja."* Tästä johtuu, että toimenpidetasoja voisi käyttää hyvin monessa tapauksessa.

Uudessa STM-asetuksessa normi, joka ratkaisee kaiken, on altistuksen raja-arvo. Jos altistusta ei kuitenkaan voida määrittää luotettavasti, on sovellettava toimenpidetasoa. Vastaavasti ICNIRP:n suosituksessa normi, joka ratkaisee kaiken, on Basic Restriction. Jos altistusta ei kuitenkaan voida määrittää luotettavasti, on sovellettava Reference Leveliä. On vähän parempi, että sähkömagneettisen kentän altistuksen raja-arvo mitataan tehotiheytenä taajuusalueella 6–300 GHz kuin oli ennen 10–300 GHz.

Ehdottomasti hyvä asia (4) on myös se, että matalataajuisille kentille on asetettu pakolliset raja-arvot ja toimenpidetasot:

- Taulukko 1.3. Altistuksen raja-arvot sähkömagneettisen kentän kehoon indusoiman sähkökentän voimakkuuden huippuarvoina taajuusalueella 1 Hz–10 MHz.
- Taulukko 1.6. Toimenpidetasot sähkö- ja magneettikentän voimakkuuden ja magneettivuon tiheyden tehollisarvoina taajuusalueella 1 Hz–10 MHz.

Vastaavasti entisessä STM-asetuksessa oli vain suositusarvot:

- Liite 2. Enintään 100 kHz:n sähkö- ja magneettikentät. Sähkö- ja magneettikenttien aiheuttaman kehoon indusoituvan virrantiheyden tehollisarvon suositusarvot.

- Liite 3. Enintään 100 kHz:n sähkö- ja magneettikentät. Suositusarvot sähkö- ja magneettikenttien voimakkuuksien tehollisarvoille.

Käytännössä se tarkoittaa, että vihdoinkin STM-asetuksessa ei enää ole suositusarvoja vaan selvä rajoitus matalataajuisille kentille.

Valitettavasti uudesta STM-asetuksesta puuttuu vanhan STM-asetuksen hyvin tärkeä virke: "*Sähkö- ja magneettikentät eivät saa aiheuttaa ihmiselle kudosvaurioita eivätkä haitallisia muutoksia ihmisen elintoiminnoissa.*" Mitä ihmisten nyt pitää odottaa säteilyltä?

Uudessa STM-asetuksessa on muitakin huonoja puolia:

1. Magneettivuon tiheys taajuusalueella 0–1 Hz nyt on enintään 400 mT, kun taas ennen se (0 Hz) oli enintään 40 mT. Miksi nykyään sallitaan näin korkea raja-arvo?

2. Altistuksen raja-arvo on nyt kehoon indusoituvan sähkökentän voimakkuus, kun taas ennen altistuksen suositusarvo oli kehoon indusoituva virrantiheys.

Mittausmenetelmiä on muutamia:

Ensimmäisessä menetelmässä, joka on laajassa käytössä, mitataan vain ulkoiset matalataajuiset sähkökentät ja/tai magneettikentät. Siinä mitataan siis todellinen syy, joka ei riipu ihmisen kehon mallista.

Toinen menetelmä vaatii kehoon indusoituvan virrantiheyden laskentaa. Toki tässäkin menetelmässä tulee ensin mitata ulkoiset matalataajuiset sähkökentät ja/tai magneettikentät. On selvää, että tämä menetelmä on monimutkainen ja riippuu ihmisen kehon mallista. Lopputulos on kuitenkin kuvitteellinen (kenttien seurauksena on virta, joka vaikuttaa ihmisen terveyteen).

Kolmas menetelmä toimii monimutkaisimmin. Siinä, kuten muissakin menetelmissä, tulee ensin mitata ulkoiset matalataajuiset sähkökentät ja/tai magneettikentät. Sen jälkeen lasketaan kehoon indusoituvan sähkökentän voimakkuus. Mikä on lopputulos (virta ilmestyy sähkökentän olemassaolon vaikutuksesta)?

3. Nykyään magneettivuon tiheys on 200 μT taajuusalueella 50–400 Hz, kun taas ennen se oli 5 000/f(Hz) μT. Ihmisen terveyden näkökulmasta hyvin tärkeä kaava on siis poistettu. Mitä suurempi taajuus, sitä suurempi sähkövirta ihmisen kehossa. Magneettivuon tiheyttä pitää siis pienentää, jotta virta pysyy matalana, jos taajuus nousee. Valitettavasti näin ei enää tehdä. Miksi? Varmaankin siksi, että suurin osa nykyisistä ja tulevista laitteista toimii 50 Hz:n taajuudella. Jos siis magneettivuon tiheys on nyt korkeintaan 200 μT (ennen 100 μT), teollisuus voi toimia paljon vapaammin.

Lisäksi voi mainita, että GSM-toiminnan seurauksena voi syntyä hyvin voimakas magneettikenttä pääosin 217 Hz:n taajuudella. Se voi ylittää vanhan arvon (5 000/217 = 23 μT) moninkertaisesti. Onko uudistus järkevä, kun otetaan huomioon, että WHO luokitteli vuonna 2002 hyvin matalataajuiset magneettikentät mahdollisesti karsinogeenisiksi lapsille, jos magneettivuon tiheys ylittää 0,3–0,4 μT (1)?

Lisäksi ICNIRP:n mukaan säteilyn enimmäisarvot (esim. ekvivalenttinen tehotiheys) määritetään Suomessa (4) keskiarvona kuuden minuutin ajanjaksolta. Esimerkiksi jos säteilyn kesto on vain minuutin ja tehotiheys koko ajan tasaista 600 $\mu W/m^2$, ekvivalenttinen tehotiheys on vain $(600 \times 1 + 0 \times 5)/6 = 100\ \mu W/m^2$, ja juuri tämä keskiarvo huomioidaan. Joissakin maissa (esim. Venäjällä) korkeataajuisen säteilyn enimmäisarvo määritetään keskiarvona signaalin jaksolta (maksimitehotiheys). Suuri joukko tiedemiehiä EUROPAEM (European Academy for Environmental Medicine) määrittää (3) korkeataajuisen säteilyn enimmäisarvon huippuarvoksi (Max. Peak/Peak Hold). On ilmeistä, että menetelmä (4) sallii voimakkaimman altistumisen, kun taas menetelmä (3) päinvastoin rajoittaa altistumista parhaiten.

Vihdoin vuonna 2020 ICNIRP antoi uusia suosituksia radiotaajuisille kentille (26). On mielenkiintoista, että ICNIRP viittasi muutamiin vuosien 2017–2019 tieteellisiin tuloksiin, korjasi omia virheitään ja alensi tehotiheyden erikoisraja-arvoa (taajuusalueella 30–300 GHz). Valitettavasti näyttää silti siltä, että ICNIRP ei edelleenkään halua ottaa huomioon säteilyn pitkäaikaisia terveysvaikutuksia. WHO:han (IARC) luokitteli RF-kentät mahdollisesti syöpävaarallisiksi (14). Valitettavasti ICNIRP ei puhunut tästä mitään. Myös terveyden näkökulmasta on valitettavaa, että ICNIRP on nostanut tehotiheyden yleisen raja-arvon kaksinkertaiseksi. Salliiko väestö sen tehdä niin? Tämän lisäksi ICNIRP ehdottaa absorboituvan tehotiheyden (Absorbed Power Density) käyttämistä, kun taas aikaisemmin se ehdotti tehotiheyden eli tulevan tehotiheyden (Incident Power Density) käyttämistä. Ero on suuri, koska aikaisemmin kaikki säteilyturvaviranomaiset ja muut tahot pystyivät mittaamaan tehotiheyden ja tekemään päätöksensä. Nyt se ei enää ole mahdollista, koska ei ole tietoa säteilyn heijastuksesta.

Miksi ICNIRP ehdottaa niin monimutkaista käsitettä? On hyvä, että uusi STM-asetus (2018) ehdottaa edelleenkin vain tehotiheyden käyttämistä.

Kirjassamme mekin käytämme vain käsitettä tehotiheys. Jos haluaa kuitenkin verrata STM-asetuksen tehotiheyden raja-arvoa ja ICNIRP:n absorboituvan tehotiheyden raja-arvoa toisiinsa, pitää olettaa, että säteilyn heijastus puuttuu. Oikeastaan uusi STM-asetus (2018) noudattaa ICNIRP:n sekä vanhoja (1998) että uusia (2020) suosituksia. Valitettavasti uuden STM-asetuksen tehotiheyden raja-arvo on liian korkea. Mistä on kysymys? Ensisijaisesti meidän pitää puhua kahdesta tehotiheyden raja-arvosta. Ensimmäinen niistä esitetään tavallisesti taulukossa. Juuri siitä raja-arvosta säteilyturvaviranomaiset ja kansa puhuvat eniten. Kirjassamme tätä raja-arvoa kutsutaan tehotiheyden yleiseksi raja-arvoksi. Toinen tehotiheyden raja-arvo annetaan usein taulukon selityksessä tai huomautuksessa. Sitä kutsutaan tehotiheyden erikoisraja-arvoksi.

ICNIRP:n uusi suositus tehotiheyden yleiselle raja-arvolle (tehotiheys määritetään keskiarvona 4 cm^2:n pinta-alalta) on enintään 20 W/m^2 (taajuusalueella 6–300 GHz). Uuden STM-asetuksen mukaan tehotiheyden yleinen raja-arvo (tehotiheys määritetään keskiarvona 20 cm^2:n pinta-alalta), on edelleen 10 W/m^2 (taajuusalueella 6–300 GHz). On siis tapauksia, joissa uusi STM-asetus suojaa ihmistä säteilyltä paremmin kuin ICNIRP:n uusi suositus suojaisi. Näin tapahtuu esimerkiksi, jos kyseessä on makrosolun tukiaseman leveä säteilykeila.

Siinä tapauksessa oletetaan, että vain tasainen säteily osuu ihmiseen. Esim. ICNIRP:n mukaan säteilyteho 0,004 W (4 mW) osuisi 4 cm^2:n pinta-alaan. STM:n mukaan teho

0,02 W osuisi 20 cm^2:n pinta-alaan. Siksi tehotiheys 0,004 W/0,0004 m^2 = 0,02 W/0,002 m^2 = 10 W/m^2 on sama eikä riipu pinta-alasta (4 cm^2 tai 20 cm^2).

Valitettavasti on myös tapauksia, joissa ICNIRP:n uusi suositus suojaisi ihmistä säteilyltä paremmin kuin uusi STM-asetus suojaa. Esimerkiksi 26 GHz:n 5G-päätelaitteet ja pikosolun 26 GHz:n 5G-tukiasemat voivat muodostaa kapeassa keilassa voimakasta säteilyä, joka voi osua ihmiseen. Esimerkiksi säteilyteho 0,01 W (10 mW) voi osua lähes kokonaan vain yhteen 4 cm^2:n pinta-alaan. Siinä tapauksessa ICNIRP:n mukaan tehotiheys on 0,01 W/0,0004 m^2 = 25 W/m^2, kun taas uuden STM-asetuksen mukaan tehotiheys on vain (0,01 + 0 + 0 + 0 + 0) W/0,0004 × 5 m^2 = 5 W/m^2. Jälkimmäinen laskelma on tosin melko outo, koska siinä otetaan huomioon 5 pinta-alaa, vaikka säteily osuu vain yhteen pinta-alaan. Jos ICNIRP:n uusi suositus tehotiheyden yleiselle raja-arvolle on 20 W/m^2, tehotiheys 25 W/m^2 merkitsee (ICNIRP:n näkökulmasta), että tuleva säteily voi olla vaarallista ihmiselle. Uuden STM-asetuksen näkökulmasta taas tuleva säteily ei voi olla vaarallista ihmiselle, koska laskettu tehotiheys (5 W/m^2) ei ylitä sallittua raja-arvoa (10 W/m^2).

Nykyisessä säteilytilanteessa on käytettävä tehotiheyden yleistä raja-arvoa (tehotiheys määritetään keskiarvona 4 cm^2:n pinta-alalta) ja uusi STM-asetus on korjattava.

Jos signaalin taajuus on yli 30 GHz, voimakas säteily voi muodostaa hyvin kapean keilan. Se voi osua lähes kokonaan hyvin pieneen pinta-alaan (esim. 1 cm^2). Siinä tapauksessa ICNIRP ehdottaa käytettäväksi uutta tehotiheyden erikoisraja-arvoa, maksimitehotiheyttä.

ICNIRP:n mukaan (26) maksimitehotiheys, joka määritetään 1 cm^2:n pinta-alalta, on 40 W/m^2. Uuden STM-asetuksen mukaan maksimitehotiheys, joka määritetään 1 cm^2:n pinta-alalta, ei saa olla suurempi kuin 200 W/m^2. Tehotiheyden erikoisraja-arvot poikkeavat toisistaan paljon, joten uusi STM-asetus pitäisi korjata vaikkapa ICNIRP:n uuden suosituksen mukaan. On mielenkiintoista, että ICNIRP:n aiempi työntekijöitä koskeva suositus oli 1 000 W/m^2. Myös Euroopan parlamentin ja neuvoston direktiivi 2004/40/EY suositteli samaa. Työntekijä joutui siis työskentelemään, kun tehotiheys oli 1 000 W/m^2. Tehotiheyden erikoisraja-arvo pitää ehdottomasti korjata myös työntekijöiden osalta.

Lyhyesti tehoista

Kuinka paljon mobiiliyhteys säteilee? Sekä yhteyden toimivuus että kaikkien ihmisten hyvinvointi riippuvat säteilyn määrästä. Tässä luvussa kerromme lyhyesti tehoista, joita voi tulla lähettimen antenniin. On otettava huomioon, että antenni (esim. tukiaseman antenni) voi vahvistaa signaalia tiettyyn suuntaan ja pienentää sitä muihin suuntiin. Täten altistus on maksimaalinen juuri pääsäteilykeilassa (tietty suunta), joka muodostuu kaukoalueella. Lähialueella säteily voi olla voimakasta lähes kaikkialla, täten ihmisen ei pitäisi olla antennin lähellä. Vahvan tutka-aseman lähialueen koko voi jopa ylittää 1 km.

Yleisin väestön altistumista aiheuttava tekniikka ovat mobiililaitteet. Valitettavasti ihminen pitää usein voimakkaasti säteilevää mobiililaitetta aivan kiinni kehossa. Siinä tapauksessa hänen kehonsa on lähes aina antennin lähialueella.

Mobiililaitteille ehdotetaan seuraavaa luokitusta:
GSM 900 (27)

Tehon luokka	**Maksimaalinen nimellisteho**	**Toleranssi dB**	
		normaali	**äärimmäinen**
2	39 dBm/8W	+/- 2	+/- 2,5
3	37 dBm/5W	+/- 2	+/- 2,5
4	33 dBm/2W	+/- 2	+/- 2,5

- GSM-R (GSM-Railway) eli rautatien laitteisto kuuluu teholuokkaan 2
- tablettitietokoneet voivat kuulua luokkaan 3
- matkapuhelimet kuuluvat yleensä luokkaan 4.

Aikaisemmin myös kaikki älypuhelimet eli matkapuhelimet, joissa on paljon tietokoneen ominaisuuksia, kuuluivat luokkaan 4. Tästä näkökulmasta kirjassamme kutsutaan sellaista älypuhelinta yleensä vanhaksi älypuhelimeksi. Nykyään suuri osa puhelimista kuuluu luokkaan 3. Kirjassamme kutsutaan sellaista älypuhelinta yleensä nykyaikaiseksi älypuhelimeksi. Nykyään on toki käytössä sekä vanhoja että nykyaikaisia älypuhelimia.

Yleisesti sanotaan, että matkapuhelimen (mm. vanhan älypuhelimen) maksimiteho on 0,25 W eli 24 dBm (joka on oikeastaan keskiteho). Näin voidaan sanoa, jos puhetta siirretään yhdellä aikavälillä, vaikka GSM:ssä on kahdeksan aikaväliä (2 W/8 = 0,25 W). Matkapuhelin voi kuitenkin käyttää (säteillä) kahta aikaväliä, kun dataa siirretään (GPRS, EDGE). Maksimiteho voi siis olla 0,5 W eli 27 dBm. Teoriassa käytössä voi olla myös enemmän aktiivisia aikavälejä. On tärkeää muistaa, että todellinen maksimiteho voi toleranssin vuoksi olla enemmän kuin maksimaalinen nimellisteho.

UMTS (3G)

Tehon luokka	Maksimaalinen nimellis-teho
1	33 dBm
2	27 dBm
3	24 dBm
4	21 dBm

- tablettitietokoneet voivat kuulua luokkaan 2
- matkapuhelimet kuuluvat yleensä luokkaan 3
- nykyaikaiset älypuhelimet voivat kuulua luokkaan 2.

LTE (4G)

Tehon luokka	Maksimaalinen nimellisteho
2	26 dBm tai 27 dBm taajuudesta riippuen
3	23 dBm tai 24 dBm taajuudesta riippuen

- tablettitietokoneet voivat kuulua luokkaan 2
- matkapuhelimet kuuluvat yleensä luokkaan 3
- nykyaikaiset älypuhelimet voivat kuulua luokkaan 2.

Vastaavia toleransseja voi olla myös 3G- ja 4G-laitteissa.

5G-päätelaitteelle ehdotetaan seuraavaa (28):
- taajuusalue 3 300–3 800 MHz (5G-band n78)

Tehon luokka	**Maksimaalinen nimellisteho**	**Toleranssi dB**
2	26 dBm	+2/-3
3	23 dBm	+2/-3

- taajuusalue 24,25–27,5 GHz (5G-band n258)

Tehon luokka	**Maksimaalinen nimellisteho**	**max. EIRP**
1	35 dBm	55 dBm
2	23 dBm	43 dBm

EIRP (Effective or Equivalent Isotropic Radiated Power) eli tehollinen isotrooppinen säteilyteho on tehon ja vahvistuksen tulo.

Harhakuvitelma

Tässä luvussa kerromme, miten jopa sivistyneet ihmiset levittävät virheellisiä tietoja säteilyn kuvitteellisesta haitattomuudesta. Esimerkiksi erään joukon mukaan keinotekoinen säteily taajuusalueella 1 Hz–300 GHz ei voi olla vaarallista ihmiselle, koska sen voimakkuus on käytännössä paljon heikompi kuin taustakenttä. Usein esimerkkinä mainitaan infrapunavalon taustakenttä.

Toinen joukko kertoo, että taajuusalueella 1 Hz–300 GHz fotonin energia on paljon pienempi kuin näkyvän valon fotonin energia, ja sen takia keinotekoinen säteily tällä taajuusalueella ei muka voi olla vaarallista.

Professori Tapio Ala-Nissilä työskentelee aivan toisella teknisellä alalla, mutta hän kuuluu molempiin joukkoihin ja keksii rohkeasti tälle taajuusalueelle tuntemattomia käsitteitä. Samanaikaisesti hän sivuuttaa sekä asiaan kuuluvia tutkimustuloksia että WHO:n ja EN:n suosituksia ja luokituksia. Kyllä voimakas infrapunavalo ja näkyvä valo ovatkin (tietyissä rajoissa) hyödyllisiä ihmiselle. Keskustelua pitäisi kuitenkin käydä vain taajuusalueesta 1 Hz–300 GHz, jolla luonto itse ei koskaan luo merkittävää pitkäkestoista taustakenttää ja jolla nyt on hyvin paljon keinotekoista säteilyä. Tällä taajuusalueella käytetään virallisesti aivan muita säteilyn turvanormeja kuin infrapunan ja näkyvän valon taajuusalueella. On suuri virhe tai valhe, jos joku puhuu käsitteistä ja arvoista, joita ei käytetä tällä taajuusalueella.

Aina voi toki verrata keinotekoista säteilyä ja taustasäteilyä toisiinsa, mutta se pitää tehdä korrektisti: pitää valita sama keskitaajuus ja sama taajuuskaista ja sitten esimerkiksi tehdä laskelmia tehoista. Esim. GSM-matkapuhelin (keskitaajuus n. 900 MHz, taajuuskaista n. 0,2 MHz) vaatii tukiasemalta ainakin tuhatkertaisesti enemmän tehoa kuin luonnon itse tuottaman taustakentän teho on. Niinpä jopa heikoin keinotekoinen säteily ylittää tuon taustakentän säteilyn tuhatkertaisesti, tavallinen keinotekoinen säteily taas 900 MHz:n taajuudella miljoonakertaisesti.

Myöhemmin professori ei ole enää puhunut fotonin energiasta (todennäköisesti joku asiantuntija huomautti hänelle, että ei kannata keksiä uutta mikroaaltotekniikkaa ja vastaavia arvoja), mutta hänen linjansa ei ole muuttunut. Emme väitä häntä valehtelijaksi, koska voi olla virhe tai tietämättömyys. Hän on esimerkiksi kyseessä sanonut: "*Mitä lyhytaaltoisempaa säteily on, sitä enemmän se vaikuttaa.*" Se on virhe – tilanne on joskus aivan päinvastainen, ja usein raja-arvot eivät edes riipu taajuudesta (4). Hän on sanonut myös: "*Perinteisten kodinkoneiden lähettämä säteily on pääasiassa radiotaajuista. Se hulahtaa ihmisen läpi juuri vaikuttamatta. Lyhyemmän aaltopituuden mikroaaltoja ovat esimerkiksi matkapuhelimet, wifi ja tutka.*"

Tästä löytyy ainakin kolme virhettä.

Ensiksikin WHO, STUK ja muut johtavat järjestöt määrittelevät radiotaajuuden ja mikroaaltotaajuuden seuraavasti: radiotaajuus 10 MHz–300 GHz, 100 kHz–300 GHz tai 3 kHz–300 GHz ja mikroaaltotaajuus 300 MHz–300 GHz. Täten mikroaaltotaajuus kuuluu radiotaajuusalueelle.

Toinen vakava virhe on se, että todellisuudessa perinteisten kodinkoneiden lähettämä säteily on pääasiassa hyvin matalataajuista (ei radiotaajuista – pääosin sen taajuus on 50 Hz).

Kolmas virhe on se, että kyseinen säteily indusoi kehossa haitallisia ja vaarallisia virtoja (ei siis "*juuri vaikuttamatta*") – suosittelemme vaikkapa WHO:n tai STUK:n julkaisuja.

Professori Tapio Ala-Nissilä teki muutaman muunkin virheen, jotka kruunaa väite, että Korean sodassa tutkista (siis mikroaalloista) ei osoittautunut syntyvän terveyshaittoja. Asia on päinvastainen: juuri siitä lähtien ihmiskunta alkoi säännöllisesti tutkia mikroaaltojen haitallisia terveysvaikutuksia. Terveysriskit tutkan mikroaalloista Korean sodan aikana on todettu (29). Totta on myös se, että toisen maailmansodan ja Korean sodan jälkeen Neuvostoliitto ja Kiina asettivat väestölle hyvin tiukkoja mikroaaltosäteilyn raja-arvoja (noin sadasosa Suomen raja-arvoista).

---

1. Summary of Data Reported and Evaluation. http://monographs.iarc.fr/ENG/Monographs/vol80/mono80-6E.pdf, 2002.
2. Resolution 1815, Parliamentary Assembly, Council of Europe. http://assembly.coe.int/nw/xml/XRef/Xref-XML2HTML-en.asp?fileid=17994& , 27.5.2011.
3. Belyaev I. et al. EUROPAEM EMF Guideline 2015 for the prevention, diagnosis and treatment of EMF-related health problems and illnesses. https://www.emfanalysis.com/wp-content/uploads/2015/12/EUROPAEM-EMF-Guidelines-2015-for-Prevention-Diagnosis-and-Treatment.pdf, 2015.
4. Sosiaali- ja terveysministeriön asetus ionisoimattoman säteilyn väestölle aiheuttaman altistuksen rajoittamisesta https://www.finlex.fi/fi/laki/alkup/2018/20181045, 22.11.2018.
5. ICNIRP Guidelines. https://www.icnirp.org/cms/upload/publications/ICNIRPemfgdl.pdf, 1998.
6. Vecchia P. ICNIRP and international standards. http://archive.radiationresearch.org/conference/downloads/021145_vecchia.pdf, 2008.
7. Ostroumov G. Will new wireless technologies be safe to use? http://www.emfacts.com/weblog/?p=1394, 29.1. 2011.
8. Ostroumov G., Jansson E. Energiansäästölamput ja terveys. Verkkoapila, 14.9.2009.
9. Ostroumov G., Jansson E. Tarpeettomasta ja vaarallisesta mikroaaltosäteilystä päästävä eroon. Kaleva, 5.10.2009.
10. Ostroumov G. The most dangerous sources of microwave radiation. http://www.emfacts.com/2010/03/1232-expert-warning-on-increasing-microwave-exposures/ , 25.3.2010.
11. Jansson E., Ostroumov G. Radiolinkit vakava terveysuhka. Sähköpostia, 2011/1.
12. Ostroumov G., Jansson E. Suomen syytä edistää valokaapelitekniikkaa. Aamulehti, 5.1.2013.
13. Jansson E., Ostroumov G. Tervetuloa valokaapeli, ei kiitos uusille radiolinkeille. Ylä-Satakunta, 8.1.2013.
14. IARC classifies radiofrequency electromagnetic fields as possibly carcinogenic to humans. WHO, press release N° 208.

http://www.iarc.fr/en/media-centre/pr/2011/pdfs/pr208_E.pdf, 31.5.2011.

15. Jokela K. et al. Assessment of the magnetic field exposure due to the battery current of digital mobile phones. http://www.ncbi.nlm.nih.gov/pubmed?cmd=Retrieve&dopt=AbstractPlus&list_uids=14695008&query_hl=5&itool=pubmed_docsum, 2004.

16. Niels Kuster et al. Assessment of EM Exposure of Energy-Saving Bulbs &Possible Mitigation Strategies. Final Report of IT'IS Foundation, 2010.

17. TCO Certified Notebooks 4.0. http://tcodevelopment.com/files/2013/04/TCO-Certified-Notebooks-4.0.pdf, 2012.

18. Standard of Building Biology Testing Methods SBM-2003. http://www.baubiologie.de/downloads/english/SBM2003_engl_neu.pdf

19. Guideline of the Austrian Medical Association for the diagnosis and treatment of EMF related health problems and illnesses (EMF syndrome). http://electromagnetichealth.org/wp-content/uploads/2012/04/EMF-Guideline.pdf, 2012.

20. Ostroumov G. About International EMF Scientist Appeal. http://www.buergerwelle.de:8080/helma/twoday/bwnews/stories/6530/, 24.5.2015.

21. Ostroumov G. Mittareiden valinta. Sähköpostia, 2016/2.

22. Ostroumov G., Jansson E. Mihin uusi säteilylaki tähtää? Kymen Sanomat, 10.9.2017.

23. Ostroumov G. Even rare and short calls can cause glioma http://www.buergerwelle.de:8080/helma/twoday/bwnews/stories/7722/, 14.12.2016.

24. Ostroumov G., Jansson E. Lyhyetkin kännykkäpuhelut voivat nostaa kasvainriskiä. Aamulehti, 7.01.2017.

25. Grell K. and all. The Intracranial Distribution of Gliomas in Relation to Exposure From Mobile Phones: Analyses From the INTERPHONE Study. Am J Epidemiol. 2016 Dec 1;184(11):818-828. Epub 2016 Nov 3. https://www.ncbi.nlm.nih.gov/pubmed/27810856 .

26. Guidelines for limiting exposure to electromagnetic fields (100 kHz to 300 GHz) https://www.icnirp.org/ cms/upload/ publications/ICNIRPrfgdl2020.pdf , 2020.

27. GSM Technical Specification. http://www.etsi.org/deliver/etsi_gts/05/0505/05.00.00_60/gsmts_0505v050000p.pdf, 1996.

28. http://www.sharetechnote.com/html/5G/5G_PowerControl.html

29. Robinette CD, Silverman C, Jablon S. Effects upon health of occupational exposure to microwave radiation (radar). Am J Epidemiol 1980; 112:39–53.

Luku 3. Langattomat ratkaisut

Seuraavassa käsitellään langattomia, pitkän yhteyden ratkaisuja. Joskus kiinteää yhteyttä ei ole tai asiakas haluaa jostakin syystä käyttää langatonta yhteyttä (Kuten isot yleisötapahtumat ulkona). Tarjolla on muutama vaihtoehto kahdesta ryhmästä (1).

Radiolinkit

Ensimmäinen vaihtoehto ensimmäisestä ryhmästä on radiolinkki. Se vaatii suoraa näkyvyyttä antenniin.

Radiolinkki on tietoliikenteessä yhteys kahden paikan välillä mikroaaltoja hyväksi käyttäen. Usein radiolinkin avulla siirretään televisiosignaaleja tai matkapuhelintukiasemien signaaleja. Radiolinkkien avulla on jo kymmeniä vuosia siirretty paljon muutakin dataa. Radiolinkkien välinen etäisyys voi olla jopa kymmeniä kilometrejä.

Muutamia vuosia sitten Suomessa oli noin 18 000 radiolinkkiä, mutta niitä poistetaan koko ajan sitä mukaa kuin valokaapelointi etenee. Nykyään niitä on noin 6 000 kpl. Valitettavasti radiolinkkejä jää mastoihin silloinkin, kun valokaapeli on kaivettu aivan viereen. Käyttäjälle radiolinkin säteily ei yleensä aiheuta haittaa, mutta jos antenni on lähellä maanpintaa, säteily voi olla haitallista sen ympäristössä asuville ihmisille. Olemme julkaisseet muutaman artikkelin (2–9) asiasta. Mitä tarkoittaa, että linkki on liian matalalla (lähellä maanpintaa)? Se riippuu maanpinnan muodosta, taajuudesta ja antennin sijaintikorkeudesta.

Radiolinkkien antenneja.
Lähde: https://pxhere.com/fi/photo/557846

Radiolinkkien antenneja.
Lähde: https://pixabay.com/photos/antenna-pole-technology-1629052/

Miksi radiolinkki voi olla haitallinen? Vaikka tavallisesti antennin käyttämä teho ei yleensä ylitä 10 W:a, niin radiolinkin suunta-antenni vahvistaa säteilyä jopa kymmentuhatkertaisesti. Joku voi väittää, että tuo säteily kulkee vain pisteestä pisteeseen eikä osu ihmiseen. Näin pitäisikin olla, mutta usein radiolinkin suunta-antennit sijoitetaan liian matalalle, jolloin säteily aiheuttaa ihmisille terveyshaittoja.

Suora näkyvyys ei riitä. Älä usko yksinkertaisiin kaavoihin, joita on monessa oppikirjassa. On nimittäin olemassa tarkka kaava, joka määrittää, kuinka suuri etäisyyden esteiltä (maa, puu, talo, ihminen) pitää olla. (Mielestämme tähän kirjaan ei kuitenkaan kannata ottaa sellaisia kaavoja lainkaan.) Toisin sanoen antennit pitää sijoittaa korkealle, jotta pinta-aaltoa ei voi muodostua. Mitä matalampi säteilyn taajuus, sitä korkeammalle antenni pitää asentaa. Tämä väite koskee myös muita suunta-antenneja (satelliittien maa-asemat, tutkat, wlan, 4G, 5G). Valitettavasti käytännössä on usein niin, että vaikka mastot ovat korkeita, antenneja kiinnitetään matalalle. Miksi radiolinkkien antennit asennetaan hyvin usein mastojen puoliväliin eikä huipulle? Virallinen selitys on: *"Jotta ne eivät häiritsisi maston huipulla olevia kännykkälähettimiä."* STUK:n selitys puolestaan on: *"Ettei tuuli tarttuisi näihin lautasantenneihin."* Meidän mielestämme oikea vastaus olisi: *"On liian kallista asentaa radiolinkin antenni maston huipulle."* Haluaisimme kuitenkin lisätä, että on silti mastoja, joissa radiolinkkien suuria antenneja on asennettu huipulle matkapuhelinlähettimien viereen.

Tuskin kuitenkaan löytyy tavallista ihmistä, joka asentaisi 4G- tai wlan-suunta-antennin korkeaan mastoon – joskus antenni näkyy suoraan ikkunasta.

Suomessa teleoperaattorien käyttämät radiolinkkitaajuudet ovat usein 7 GHz, 13 GHz tai 18 GHz; toki paljon muitakin on. Traficomin sivuilta voi tarkastaa kaikki taajuudet. Valitettavasti korkeataajuista radiolinkkien säteilyä ei useinkaan voi mitata tavallisilla mittareilla kovin hyvin.

Radiolinkin suuri, rumpumainen antenni on hyvin matalalla.

Radiolinkkien suuria antenneja on asennettu sekä korkealle että matalalle.
Lähde: https://pixabay.com/photos/telecommunications-tower-tower-3569351/

Minkälainen säteilytilanne on ollut ja on nyt? Millainen sen pitäisi olla lähitulevaisuudessa radiolinkkien takia? Jo vuodesta 2009 olemme kehottaneet, että paras ratkaisu olisi maan totaalinen valokaapelointi. Sellaisessa tapauksessa lähes kaikki pisteestä pisteeseen-asemat korvattaisiin valokaapelilla. Se on ainoa keino, joka poistaa haitallisen mikroaaltosäteilyn kokonaan ja antaa parhaat mahdollisuudet kansantaloudelle pitkällä tähtäimellä. Vihdoin vuonna 2019 jopa Elisa kirjoitti: *"Maamme kehitys on kuidun varassa. Valokuitu tarjoaa ainoana vaihtoehtona riittävän kivijalan 5G:lle ja muille uusille palveluille vuosikymmeniksi eteenpäin."* Suunta on siis hyvä.

Vuonna 2009 monessa kaupungissa oli hyvin paljon matalalle asennettuja radiolinkkejä, mutta vuonna 2015 radiolinkkien määrä kaupungeissa pieneni valokaapelin takia merkittävästi. Näin pitäisikin olla kaikkialla. Kuvassa on esitetty maston osa vuonna 2009, ja siinä näkyy paljon radiolinkkien antenneja.

Maston osa vuonna 2009.

Toisessa kuvassa on sama maston osa vuonna 2015. Antenneja on enää melko vähän.

Maston osa vuonna 2015.

Vastaavasti radiolinkkien säteily pieneni vuonna 2015 merkittävästi monessa paikassa. Esimerkiksi vuonna 2009 säteilytaso eräässä asunnossa taajuusalueella 5,725–7 GHz oli 150 000 μW/m^2, kun taas vuonna 2015 se oli samassa asunnossa vain 13 000 μW/m^2. Valitettavasti radiolinkkien määrä on maaseudulla edelleenkin merkittävä taloudellisista syistä. Vuonna 2019 maaseudulta löytyi paikkoja, joissa säteilytaso ylitti 900 000 μW/m^2 (matkapuhelin säteilee harvoin näin voimakkaasti). EN:n suositus on vain 100 μW/m^2, joten ei ole ihme, että radiolinkkien säteily aiheuttaa ihmisille terveyshaittoja monessa paikassa. Myös kaupunkeihin ilmestyy yhä uusia radiolinkkejä (erityisesti 4G-antennien viereen). Uusia asennuksia tehdään ikään kuin säteily ei olisi haitallista, ja radiolinkkejä voidaan suunnata vaikka sisätiloista.

Uusia antenneja ja radiolinkin antenni vuonna 2019.

Talon (ks. kuva) asukkaat altistuvat mikroaaltosäteilylle, jota tulee sekä mobiiliverkkojen antenneilta että radiolinkin toiselta antennilta, joka on noin 0,5 km:n etäisyydellä. Koska katolla olevan radiolinkin antenni on asennettu hyvin matalalle, on mahdollista, että myös muiden talojen asukkaat ja lähellä sijaitsevan koulun oppilaat altistuvat. Kuvassa näkyy myös neliömäisiä kaappeja (aivan katon lähellä). Se on hyvin tyypillistä uusille tukiasemille (ks. myös Luku 5. Tukiasemat). Kaapit itse eivät säteile merkittävästi ympäristöön, vaan mikroaaltoteho lähetetään antenneille ja vastaanotetaan antenneilta kaapelien kautta. Koska kaappi on yleensä antennin lähellä, energian kulutus pienenee. Joskus kaapit maalataan mustiksi tai harmaiksi.

Mielestämme olisi järkevä käyttää datan siirtämiseen kaapelia/valokaapelia erityisesti kaupungissa, kun välimatka on lyhyt (0,2–3 km) (9). Tämä ratkaisu olisi ikuinen – radiolinkki kun aiheuttaa ihmisille terveysongelmia eikä välttämättä täytä tulevaisuuden teknisiä vaatimuksia. Valokaapeli suojaa myös liikkuvaa dataa paremmin kuin radiolinkki (10). Lähes totaalista valokaapelointia käytetään Kiinassa, Japanissa ja Etelä-Koreassa.

Radiolinkin antennin keila ei ole vain suora linja antennista antenniin. Osa energiasta valuu maanpintaa myöten ympäristöön ja ilmaan sekä antennin taakse että sivuille. Suurin osa radiolinkin kuluttamasta sähköstä menee harakoille, sillä radiolinkin hyötysuhde voi olla 0,0001 prosenttia eli miljoonasosa. Radiolinkit ovat aina sään ja sähkökatkojen armoilla. Terrorismi ei ole poissuljettua. Radiolinkkiä on helppo häiritä monin eri tavoin. Verkkohyökkäykset ovat jo osoittaneet sen, miten langaton systeemi voi romahtaa. Valokaapelia vaativat sekä kansa että teleoperaattorit ja kyberturvallisuusasiantuntijat. Radiolinkkiratkaisu on terveydelle haitallinen ja kallis, eikä se siksi ole suositeltava.

Pitkän toimintasäteen wlan

Toinen vaihtoehto ensimmäisestä ryhmästä toimii wlan-teknologian avulla. Moni ihminen tietää, miten langaton verkko rakennetaan kotona wlanin avulla (kerromme myöhemmin, miten wlan-säteilyä kodin verkossa voi pienentää). Harva kuitenkaan tietää, että teknisesti wlan-signaaleja voisi siirtää niinkin kauas, että voisi puhua pitkän toimintasäteen wlanista. Tavallisesti etäisyys voi olla muutamia satoja metrejä, mutta joissakin maissa etäisyys voi vahvistusantennin (suunta-antennin) kanssa olla jopa yli 30 km.

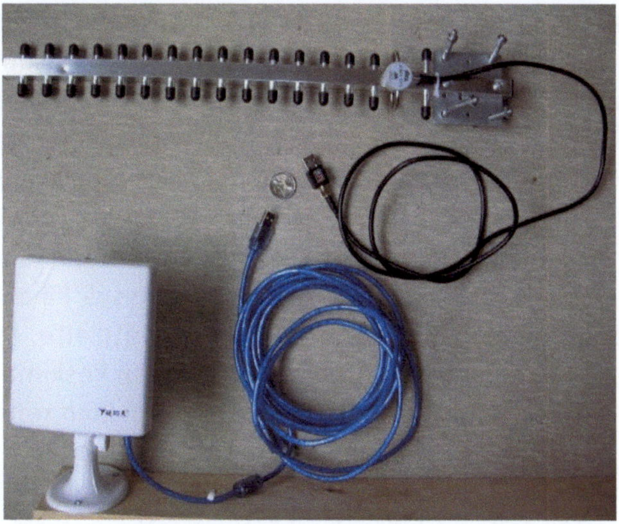

Wlan-antenneja, joissa on suuri vahvistus.

Alhaalla olevassa antennissa on noin 11 dB:n vahvistus, kun taas ylhäällä olevan antennin vahvistus on jopa 25 dB. Antennit voi helposti asentaa esimerkiksi parvekkeelle tai ikkunan viereen. Toinen antenni voi tuottaa pääsäteilykeilassaan yhtä voimakasta säteilyä kuin voimakas matkapuhelimien tukiasema. Käytännössä se tarkoittaa, että antenni voi aiheuttaa terveyshaittoja vastaavassa sektorissa jopa muutaman kilometrin etäisyydeltä.

Tässä tulee ottaa huomioon, että antennin muoto voi olla erilainen. Joskus wlan-antennina käytetään jopa lautasantennia. Jotta yhteyden voi saada jopa 20–35 km:n etäisyydelle, käytetään kahta lautasantennia 5 GHz:n taajuudella. Tällainen järjestelmä on radiolinkki, joka toimii wlanin taajuusalueella wlan-laitteiston avulla. Voisi luulla, että kyseessä on vaaraton satelliittiantenni, mutta se voikin olla haitallinen wlan-antenni. Jos lautasantenni kohdistuu pohjoiseen ja/tai sen mikropää on verrattain suuri, on hyvin mahdollista, että kyseessä on juuri wlan-antenni. Tietysti paras tapa saada varmuus asiasta on ottaa yhteyttä antennin käyttäjään ja mitata oleskelupaikkansa säteily, kun wlan-lähetin on käytössä.

Kannattaa muistaa, että joskus wlan-reitittimen lähetin on päällä jatkuvasti. Kannattaa myös kysyä käyttäjältä, onko hänellä säteilevä reititin vai päätelaite. Kysymys on tärkeä myös siksi, että päätelaitteen keskimääräinen säteily on tavallisesti paljon heikompi kuin reitittimen säteily. Toisin sanoen päätelaite aiheuttaa terveydelle tavallisesti verrattain pienempää haittaa kuin reititin. Jos päätelaite on kuitenkin käytössä jatkuvasti suurten tiedostojen siirtämiseksi, myös terveyshaitta voi toki olla hyvin vakava. Kannattaa selvittää, onko sellainen wlan-yhteys laillinen Suomessa. Vaikka edellä mainittu ratkaisu olisikin joskus edullinen toteuttaa, se lisää hyvin voimakkaasti ympäristömme mikroaaltosäteilyä (syy on sama kuin radiolinkin tapauksessa) eikä siksi ole suositeltava.

On olemassa vielä yksi vaihtoehto, nimittäin internet FSO:n (Free Space Optics) avulla. Etäisyys voi olla 1–2 km. Se on kallis ratkaisu, mutta se käyttää infrapunasäteilyä eikä siksi vaikuta haitallisesti terveyteen eikä ympäristöön.

Ratkaisuja ilman suoraa näkyvyyttä

Toiseen ryhmään kuuluvat ratkaisut, jotka eivät vaadi suoraa näkyvyyttä maan pinnalla eivätkä toisen netinkäyttäjän suostumusta:

1. WiMAX-yhteys. Sen toiminta Suomessa oli tosin hyvin rajallista ja lopetettiin vuonna 2018.

2. Satelliittiyhteys. Se on hyvä ratkaisu sellaiseen kohteeseen, jossa muut ratkaisut eivät toimi. Satelliittiyhteys edellyttää, että maassa oleva antenni voi "nähdä" satelliitin. Joskus sanotaan, että käyttäjällä on satelliitin maa-asema.

Ratkaisu on tosin verrattain kallis. Se myös lisää ympäristömme säteilyä, koska antenni on usein hyvin matalalla (jopa aivan maan pinnassa) ja pääsäteilykeila voi kohdistua osaksi esimerkiksi rakennukseen. Näin tapahtuu usein, koska Suomessa pääsäteilykeila on lähes vaakasuuntainen (lähtevän säteilyn kulma on vähemmän kuin 24°). Etelän maissa tilanne on toinen, koska siellä lähtevän säteilyn kulma voi olla jopa 90° – siellä säteily ei siis aiheuta haittaa ihmisille. Emme suosittele tätä vaihtoehtoa myöskään siksi, että viive on suuri (esimerkiksi internetpelejä harrastaville se ei sovi), koska etäisyys satelliitista on 36 000 km.

Tässä yhteydessä on pakko kertoa uudesta ratkaisusta, joka on osa uutta teknologiaa ja lähitulevaisuudessa varmasti tulossa Suomeenkin. Muutama suuri kilpaileva operaattori kehittää uutta satelliittiyhteyttä, joka tarjoaisi lähes kaikkialla mahdollisuuden hyvin nopeaan internetyhteyteen. Sitä varten tarvitaan jopa tuhansia satelliitteja (11), jotka sijoitetaan noin 300–1 000 km:n etäisyydelle Maasta. Satelliittiyhteyden taajuuskaista voisi olla yli 1 GHz, käyttötaajuudet yli 20 GHz. Näin saavutettaisiin lähes kaikkialla yli 1 Gbit/s:n nopeus, ja viive olisi vain noin 20–50 ms.

Päätelaite sijoitettaisiin tällöin pääosin ulkotilaan. Sen antennijärjestelmä muodostaisi automaattisesti kapean keilan, joka kohdistuisi tiettyyn satelliittiin. Päätelaite voisi kommunikoida sisätiloissa olevien laitteiden kanssa esimerkiksi kaapelin ja/tai wlanin kautta.

Yhteyden heikkoja puolia olisivat seuraavat (12):

- sisätiloissa yhteys toimisi huonosti tai ei lainkaan
- mobiiliyhteys toimisi huonosti tai ei lainkaan
- viive jäisi 4G-teknologian tasolle eikä voisi käytännössä laskea 5G-tasolle (1 ms)
- planeetan ekologinen kuormitus muodostuisi suureksi tuhansista satelliiteista johtuen.

Satelliittien säteily itsessään ei aiheuttaisi merkittävää haittaa, mutta päätelaitteen vieressä olemista pitäisi kuitenkin välttää. Miksi? Tavallinen satelliitin maa-asema käyttää lautasantennia, ja alue, johon maa-asema säteilee, on helposti havaittavissa. Toisin sanoen säteilyn suunta ei koskaan muutu. Uudessa ratkaisussa päätelaitteen säteilyn suunta muuttuisi. Tästä syystä olisi hyvä pysytellä kaukana päätelaitteesta. Lisäksi kannattaisi suojata asuinpaikkansa esimerkiksi asettamalla metallinen suojakilpi asunnon ja päätelaitteen väliin.

3. Mobiiliyhteys 5G-, 4G-, 3G- ja 2G-verkon avulla. Etäisyys läheiseltä tukiasemalta voi olla jopa yli 30 km. Suomalaiset käyttävät kodeissaan paljon juuri tällaista langatonta yhteyttä, vaikka kiinteäänkin olisi mahdollisuus. Syy on selvä: rajoittamaton ja verrattain halpa netin käyttö. Tämä ratkaisu lisää ympäristömme mikroaaltosäteilyä eniten, koska tukiasemat säteilevät jatkuvasti ja niiden säteily kohdistuu maahan tarkoituksella. Säteilyn minimoimiseksi käyttäjän kannattaa sulkea kaikki omat säteilevät lähteensä silloin kun hän ei käytä niitä. Tällöin lähiympäristön kokonaissäteily pienenee. Emme kuitenkaan suosittele varauksetta tätäkään ratkaisua, koska kokonaisaltistus voi ylittää Suomen raja-arvot (2 W/kg) moninkertaisesti.

Muissa luvuissa annamme selityksen asialle. Tässä yhteydessä sanomme vain, että näin suuri säteilyaltistus tullee pääosin päätelaitteista ja/tai reitittimistä.

Kuvassa on 4G-antenni vuonna 2015.

4G-antenni on asennettu melko matalalle. Voimakas säteily osuu puihin ja metsän läpi 4G-tukiasemaan, joka on melko kaukana. Onneksi voimakas säteily ei tässä tapauksessa osu ihmisiin – säteily ei kohdistu rakennuksiin.

Mutta yleisesti ottaen: jos näette samankaltaisen antennin, olkaa varovaisia! Antennin pääsäteilykeilassa (10°–50°) voi nimittäin olla hyvin voimakasta säteilyä. On selvää, että edullinen ja huippunopea valokuituyhteys voisi poistaa tuon terveyshaitan. Siksi onkin sietämätöntä, että sadat ihmiset joutuvat kärsimään yhden käyttäjän tuottamasta säteilystä vain siksi, että käyttöön saadaan halpa laajakaistainternet.

Suojaus säteilyltä

Miten suojautua tuolta säteilyltä? 2G-, 3G-, 4G-, 5G- ja wlan-säteilyä voi mitata monella tavallisella mittauslaitteella, ja sellaisen avulla voi myös löytää paikan, josta säteily tulee. Sen jälkeen on mahdollista kysyä laitteiston käyttäjältä, voisiko hän nostaa ja/tai suunnata antenninsa uudelleen.

Lisäksi on olemassa erilaisia suojamateriaaleja, jotta säteilyä ei pääse kotiin. Jos säteilyn taso ei ylitä 100 µW/m^2, se on monelle ihmiselle siedettävä määrä, joka ei aiheuta merkittävää haittaa. Sähköyliherkän ihmisen tapauksessa säteily kannattaa kuitenkin pyrkiä pienentämään ainakin 1 µW/m^2:n tasolle.

Radiolinkin ja satelliitin maa-aseman säteily on usein hyvin korkeataajuista (yli 5 GHz). Siitä johtuu, että tavalliset mittauslaitteet eivät valitettavasti kelpaa säteilyn mittaamiseen. Tämän lisäksi tuo säteily tunkeutuu verrattain helposti moneen ”suojattuun” kotiin, koska jopa erittäin pieni rako mahdollistaa sen. Korostamme, että joskus tällainen säteily on paljon voimakkaampaa kuin esimerkiksi matkapuhelimien tukiasemien säteily (2G, 3G, 4G ja 5G). Esimerkiksi erään kerrostaloasunnon makuuhuoneessa kokonaissäteily taajuusalueella

1 MHz–5 GHz oli noin 400 μW/m^2, kun taas taajuusalueella 5,725–7 GHz se oli noin 130 000 μW/m^2 (13). Tällainen säteily on siis hyvin voimakasta, sen mittauslaitteet hyvin kalliita ja siltä suojautuminen melko hankalaa. Kaikki tuo tekee säteilyn hyvin haitalliseksi.

Joku voi sanoa, että hyvin korkeataajuinen säteily tunkeutuu ihmisen kehoon ihon kautta verrattain huonosti – ja asia onkin näin. Mutta tuo säteily tunkeutuukin ihmiseen toisella tavalla: silmien, korvien ja nenän kautta.

Säteilyn pienentämiseksi voisi suositella matalaa asuinpaikkaa. Tietysti olisi hyvä, jos paikka olisi myös esimerkiksi korkeiden mäkien suojassa kaikilta suunniltaan. Joskus on vaikeaa arvioida, kuinka matalalla asuinpaikka on ja kuinka korkea mäki on. Älypuhelimeen on saatavilla esimerkiksi Sports Tracker-sovellus, jolla on jonkin navigaattorin (esim. GPS) tuki. Sen avulla voi tutustua ympäristöön ja katsoa, kuinka korkealla paikka on merenpinnasta.

Jos olet sähköyliherkkä, voit asettaa älypuhelimen lentokonetilaan käyttäessäsi sovellusta, koska siinä tapauksessa älypuhelin vain vastaanottaa GPS-signaaleja satelliiteilta. Tavoitteena olisi löytää mahdollisimman matala asuinpaikka ja mahdollisimman korkeat mäet. Jos jostakin suunnasta puuttuu korkea mäki, tuon suunnan voi joskus suojata säteilyltä metallisella kilvellä (suojaamiseen tarvitaan ammattilaista). Joskus radioteleskooppien viereen vaaditaan säteilemätön alue. Hyvä suojaus toki auttaa sähköherkkää, mutta käytännössä se on kallis ja hankala toimenpide. Suositus koskee myös muita radiotaajuisia säteilyjä (2G, 3G, 4G, 5G, wlan, tutkat).

Vielä kerran: Paras tapa suojautua säteilyltä on koko maan totaalinen valokaapelointi. Jos se on hankalaa, kannattaisi käyttää haitatonta FSO-tekniikkaa.

---

1. Ostroumov G. Älypuhelin lentotilassa. Sähköpostia, 2017/2.

2. Ostroumov G., Jansson E. Tarpeettomasta ja vaarallisesta mikroaaltosäteilystä päästävä eroon. Kaleva, 5.10.2009.

3. Jansson E., Ostroumov G. Asummeko mikroaaltouunissa? Maaseudun tulevaisuus, 30.10.2009.

4. Ostroumov G., Jansson E. Suojellaanko ihmisiä säteilyltä vai säteilyttäjiä ihmisten valituksilta? Sähköpostia, 2010/2.

5. Jansson E., Ostroumov G. Radiolinkit vakava terveysuhka. Sähköpostia, 2011/1.

6. Jansson E., Ostroumov G. Tervetuloa valokaapeli, ei kiitos uusille radiolinkeille. Ylä-Satakunta, 8.1.2013.

7. Jansson E., Ostroumov G. Pilvipalvelut - mitalin kaksi puolta. Maaseudun tulevaisuus, 1.7.2011.

8. Ostroumov G., Jansson E. Suomen syytä edistää valokaapelitekniikkaa. Aamulehti, 5.1.2013.

9. Jansson E. Telian outo asenne. Kurun lehti, 29.11.2018.

10. Jansson E. Tiedustelulait ja käytäntö. Aamulehti, 21.3.2019.

11. International appeal. Stop 5G on Earth and in Space. https://www.5gspaceappeal.org/the-appeal

12. Ostroumov.G. 5G-teknologia käynnistyy Suomessa. Suomen potilaslehti, 2019/1.

13. Ostroumov G. The most dangerous sources of microwave radiation. http://www.emfacts.com/2010/03/1232-expert-warning-on-increasing-microwave-exposures/ , 25.3.2010.

Luku 4. Matkapuhelimet

Vuonna 2011 Euroopan neuvosto teki historiaa suositellessaan sähkömagneettisen kentän tehotiheydeksi enintään 1000 $\mu W/m^2$. Monissa maissa sallittu raja-arvo on kuitenkin huikeat 10 000 000 $\mu W/m^2$, mahdollisesti teollisuuden toiveesta. Vähän myöhemmin WHO:n alainen IARC luokitteli radiotaajuiset sähkömagneettiset kentät mahdollisesti karsinogeenisiksi muun muassa matkapuhelimen säteilyn takia. Sadat lääkärit eri puolilta maailmaa vaativat WHO:ta kohottamaan riskiluokitusta. Todellisuudessa matkapuhelin (mm. älypuhelin) voi olla haitallinen ja vaarallinen monesta syystä.

Syyt, jotka mahdollisesti tekevät matkapuhelimen haitalliseksi ja vaaralliseksi

Ensisijaisena syynä pitää tietysti mainita korkeataajuiset kentät (korkeataajuinen säteily). SAR-arvo, joka Suomessa ja monessa muussa maassa kuvaa altistusta muka voimakkaimmasta korkeataajuisesta säteilystä, ei saa Euroopassa ylittää 2 W/kg. Käytännössä se kuitenkin ylittyy moninkertaisesti. Syyn selitämme myöhemmin.

Toinen syy ovat hyvin matalataajuiset magneettikentät. Tästä puhutaan harvoin, mutta erityisesti GSM-verkossa älypuhelimesta voi vuotaa hyvin vahvoja ELF-magneettikenttiä. Vanhat STM-suositusarvot, jotka olivat voimassa vuoteen 2019 saakka, ylittyivät usein moninkertaisesti. Tämän lisäksi matkapuhelimen kuulokkeesta voi vuotaa haitallisia äänitaajuisia magneettikenttiä käyttäjän päähän, kun hän kuuntelee puhetta tai musiikkia. Jo vuonna 2002 IARC luokitteli hyvin matalataajuiset magneettikentät mahdollisesti karsinogeenisiksi.

Kolmas syy ovat matalataajuiset sähkökentät. Niitä ilmenee pääosin 2G-verkossa, ja käytännössä nykyisin sallitut toimenpidetasot ylittyvät joskus moninkertaisesti.

Miksi on käynyt niin, ettei näitä kolmea vakavaa syytä ole otettu huomioon? Hyvä kysymys sosiaali- ja terveysministeriölle.

Neljäs syy on pysyvä magneetti matkapuhelimessa. Jos matkapuhelinta siirretään hieman pään vieressä, pään sisällä indusoituu matalataajuisia virtoja.

Lisäksi kannattaa muistaa, että älypuhelimesta (kuten myös jokaisesta tietokoneesta) vuotaa paljon heikkoja, eritaajuisia kenttiä. Vaikka älypuhelin ei säteilisikään 2G-verkossa, koko matalataajuinen magneettikenttä älypuhelimen vieressä voi ylittää 0,5 µT. Näin ollen älypuhelinta ei kannata pitää kehossa kiinni.

Monessa matkapuhelimessa on myös NFC (Near Field Communication)-toiminto. Sen avulla matkapuhelin voi kommunikoida 13,56 MHz:n taajuudella muiden laitteiden kanssa, jos ne ovat matkapuhelimen lähellä (alle 1 m:n päässä).

Ainakin muutama huippumalli (vuonna 2016) voi kommunikoida muiden laitteiden kanssa myös taajuudella 60 GHz.

Joskus näytön sininen valo aiheuttaa haittaa käyttäjälle. Haitan pienentämiseen on erilaisia menetelmiä. Esimerkiksi älypuhelimen pikavalikosta löytyy usein silmäystävällisen tilan merkki. Tila pienentää sinisen ja lisää keltaisen valon voimakkuutta.

STUK antaa vinkkejä siitä, miten matkapuhelimen käyttäjä voi vähentää altistumistaan. Valitettavasti vinkit ovat kuitenkin lyhyitä ja puutteellisia. On harmillista, ettei tavallinen ihminen löydä mistään ohjeita matkapuhelimen turvallisesta käytöstä. Tässä luvussa annammekin muutamia suosituksia, jotka auttaisivat ihmisiä vähentämään terveysriskejä.

SAR-arvoista

Kaikkien uusien matkapuhelimien mukana tulee valmistajan tiedote, jossa ilmoitetaan laitteen SAR-arvo. Arvon pitäisi kertoa, kuinka paljon matkapuhelin säteilee. Ostopäätöstä ei kuitenkaan kannata tehdä pelkän SAR-arvon perusteella, sillä se kertoo vain osan totuudesta. SAR-mittauksiin ei kannata luottaa, eikä matkapuhelimen hintakaan kerro mitään sen säteilystä. Esimerkki karusta todellisuudesta: matkapuhelimen valmistaja on ilmoittanut SAR-arvoksi 0,3 W/kg, mutta STUK:n mittaamana juuri kyseisen matkapuhelinmallin SAR-arvo onkin ollut 1,23 W/kg. STUK:lla on mahdollisuus mitata eri matkapuhelimien SAR-arvot, mutta tavallisella kuluttajalla sellaista mahdollisuutta ei ole. Heti herääkin kysymys, voiko valmistajan ilmoitukseen tai STUK:n mittauksiin luottaa? Onko järkevää valita matkapuhelin SAR-arvon mukaan? Mielestämme SAR-arvo painaa matkapuhelimen valinnassa vain silloin, kun eri mallien SAR-arvot poikkeavat toisistaan hyvin paljon, esimerkiksi jos toinen on 1,8 W/kg ja toinen 0,04 W/kg. Lisäksi SAR-arvoista olisi hyvä saada vahvistus riippumattomilta järjestöiltä. Tässä tapauksessa kyseessä oli sellainen SAR-arvo, joka saadaan, kun matkapuhelinta pidetään korvalla.

On hyvä muistaa, että matkapuhelinta kannattaa pitää jopa muutaman senttimetrin etäisyydellä kehosta. Esimerkiksi Nokia 5030-matkapuhelimen käyttöohje vaatii, että matkapuhelimen etäisyys kehosta on vähintään 2,2 cm. Kuinkahan moni tottelee? Vuoden 2016 Huawei Y5-matkapuhelimen etäisyyden kehosta tulisi olla vähintään 1,5 cm. EU:n määräykset vaativat, että vuoden 2018 Huawei Y6-matkapuhelimen etäisyys kehosta olisi vähintään 0,5 cm, kun taas yhdysvaltalainen FCC (The Federal Communications Commission) vaatii etäisyydeksi vähintään 1,5 cm (ks. aloitusopas). Täten suojaus tämän matkapuhelimen säteilyltä on Yhdysvalloissa parempi kuin Euroopassa, koska Yhdysvalloissa ei suositella puhelinta pidettäväksi kovin lähellä vartaloa.

On mielenkiintoista, että sekä Euroopassa että Yhdysvalloissa on sallittua pitää matkapuhelimia (myös edellä kuvaamamme mallia) korvalla. Huawei Y6-matkapuhelimen SAR-arvo korvalla on eurooppalaisen mittauksen mukaan 0,58 W/kg ja yhdysvaltalaisen mittauksen mukaan 1,18 W/kg. Tarkkaavainen lukija huomaa, että yhdysvaltalainen SAR-arvo on paljon suurempi kuin eurooppalainen. Se ei kuitenkaan merkitse, että tämän laitetyypin säteilyn vaikutus ihmiseen olisi erilainen, koska eurooppalaista ja yhdysvaltalaista mittausta ei saa verrata toisiinsa. Vaikka käsite (SAR-arvo) on sama, Euroopassa se määritetään keskiarvona 10 g:n kudosmassasta, kun taas Yhdysvalloissa se määritetään keskiarvona 1 g:n kudosmassasta.

Joka tapauksessa eurooppalaisille voi suositella matkapuhelimen pitämistä kauempana kehostaan; suosittelemme FCC:n suosituksen noudattamista: ”matkapuhelin vähintään 1,5 cm kehosta”. Suositukset ovat siis erilaisia, ja on mahdollista, että ne vielä muuttuvat tulevaisuudessa. Niinpä kannattaa aina noudattaa juuri käyttämänsä laitetta koskevia suosituksia.

Kokemuksemme mukaan matkapuhelin toimii nykyisin monessa paikassa hyvin, vaikka sen SAR-arvo olisi vain 0,01–0,005 W/kg. Ainakin kaupungeissa soittaminen onnistui hyvin lähes aina kahden vuoden aikana. Valitettavasti valmistajat eivät välitä (ainakaan vielä) tehdä vähän säteileviä matkapuhelimia, vaikka myös EN suosittelee sitä. Uudet tulokset (1–3) vahvistavat, että sellainen matkapuhelin olisi hyvin ajankohtainen.

Emme usko, että vähän säteilevien matkapuhelimien valmistaminen olisi vaikeaa, koska operaattoritkin yrittävät pienentää matkapuhelimien tehoa verkossaan. Mitä pahaa siis olisi, jos valmistaja tarjoaisi asiakkaalleen mahdollisuuden asettaa matkapuhelimen lähtöteho itse? Kyseessä on kausaalisuhde.

Taannoin kävi ilmi, että jopa lyhyet ja harvat matkapuhelinpuhelut, joihin liittyy voimakasta säteilyä, voivat nostaa kasvainriskiä (2). Jo aiemmin tiedettiin matkapuhelimen suurkuluttajien olevan riskiryhmässä saada pään alueen pahanlaatuinen aivokasvain eli glioома.

Äskettäin professori Anssi Auvinen ja useat tutkijat eri maista julkaisivat uuden tutkimustuloksen, joka ei ole hauskaa luettavaa (1). Tutkimuksessa analysoitiin 792 pahanlaatuisen aivokasvaimen saaneen ihmisen tietoja heidän matkapuhelimen käytöstään vuosina 2000–2004: he olivat käyttäneet matkapuhelintaan enintään 27 minuuttia päivässä (Regular User). Tutkimustulos on hälyttävä, sillä aiemmin matkapuhelimen käyttöajan uskottiin korreloivan kohonneen gliomariskin kanssa. Ainakaan näiden tulosten valossa riskiä ei lisää käyttöaika vaan se, että yleensä käyttää matkapuhelinta. Glioma on pahanlaatuinen aivokasvain, jota ei aina voi edes leikata. Siihen voi siis kuolla.

Tällainen tutkimustieto on hätäpuhelu ihmiskunnalle. Jos mahdollista, älä käytä matkapuhelinta, joka säteilee voimakkaasti (3). Jos jopa hyvin harvat ja lyhyet puhelut voimakkaasti säteilevällä matkapuhelimella voivat laukaista syövän, IARC:n pitäisi luokitella sähkömagneettiset kentät karsinogeenisiksi. Tietenkään ihmiskunta ei voi kokonaan luopua matkapuhelimista, ja sen takia suosittelemmekin vähän säteilevän matkapuhelimen ja sen kaiutintoiminnon käyttämistä.

Matkapuhelimen pitäisi säteillä vähiten

Lähes kaikki tahot sanovat: *"Päähän kohdistuvaa säteilyä voi vähentää merkittävästi käyttämällä handsfree-laitetta."* Handsfree-laitetta käytettäessä matkapuhelinta kannattaa pitää kaukana kehosta, esimerkiksi laukussa tai ikkunalaudalla.

Emme suosittele langatonta handsfree-laitetta (ks. Valitse turvalliset kuulokkeet ja handsfree-laitteet). On hyvä myös huomioida, että hakkereilla on yli 20 hyökkäystapaa Bluetoothia vastaan (mm. Bluetracking, Bluesnarfing ja Bluebugging). Voit siis pahimmassa tapauksessa menettää henkilökohtaisia tietojasi ja rahaa Bluetoothia käyttämällä.

Metalliset silmälasit voivat nostaa todellista SAR-arvoa merkittävästi. Ellei ole täysin varma siitä, että handsfree-laite todella pienentää säteilyä, ei kannata suositella sitä ainakaan lapsille.

Matkapuhelimella kehotetaan yleensä puhumaan vahvassa (hyvässä) kentässä (ohjekirjoissa neuvotaan usein kännyköimään tukiaseman lähellä) eli paikassa, jossa on hyvä kuuluvuus. Heikossa kentässä (esim. suljetussa tilassa, kuten autossa) puhelin nimittäin säteilee paljon voimakkaammin kuin vahvassa kentässä. Usein näin onkin, joten soittopaikka (ei asuinpaikka) kannattaa valita sieltä, missä tukiaseman kenttä on vahva. Melko usein sellainen paikka on ikkunan vieressä. Älä suotta etsi tukiaseman erittäin vahvaa kenttää, koska se ei auta matkapuhelimen säteilyn pienentämisessä.

Usein ajatellaan, että mitä enemmän matkapuhelimen näytöllä on tolppia, sitä voimakkaampi tukiaseman kenttä on. Joskus näin onkin: mikäli näytöllä on täydet tolpat, matkapuhelin säteilee heikosti. Valitettavasti usein käy kuitenkin niin, että tavallinen matkapuhelin näyttää täysiä tolppia eli muka vahvaa kenttää, mutta sen säteily on silti voimakasta. Esimerkiksi puhelin Huawei Mate 20 PRO näytti DNA:n verkossa viittä tolppaa, jossa 4G-tukiaseman kenttä oli hyvin heikko (−95 dBm). Huawei Y5 puolestaan näytti Telian verkossa neljää tolppaa jopa silloin, kun 3G-tukiaseman kenttä oli melko heikko (−90 dBm).

Kolme tolppaa tarkoittaa −91 dBm – −98 dBm, kaksi tolppaa −99 dBm – −105 dBm ja yksi tolppa −106 dBm – −111 dBm.

Luotettavia tietoja kentän vahvuudesta voit etsiä matkapuhelimen valikosta. Tärkein niistä on tieto tukiaseman kentän tasosta (signaalin vahvuus). Se kuvaa tehoa, joka tulee tukiasemalta matkapuhelimeen. Sen yksikkö on dBm, esimerkiksi 30 dBm = 1 W, 20 dBm = 100 mW, 10 dBm = 10 mW, 0 dBm = 1 mW, −10 dBm = 0,1 mW ja −20 dBm = 0,01 mW. Mittaustemme aikana kenttä oli hyvä, jos arvoksi osoitettiin vähintään −60 dBm (2G-verkko) tai −85 dBm (3G-verkko). Kenttä voi siis olla melko heikko (esim. −86 dBm – −90 dBm), vaikka Huawei Y5 näyttäisikin neljää tolppaa. Jos tehon arvo on vähintään −30 dBm, kenttä on hyvin vahva eikä tukiaseman lähellä kannata olla pitkää aikaa, sillä se voi olla haitallista terveydelle.

Nämäkään tiedot eivät silti anna tarkkaa vastausta siihen, milloin matkapuhelin alkaa säteillä voimakkaasti. Lisäksi korostamme, että matkapuhelimen säteilyn taso riippuu ensisijaisesti matkapuhelimen mallista ja operaattorista, joskus myös paikasta, ajasta, asetuksista ja palvelevasta tukiasemasta. Toisin sanoen matkapuhelin antaa hyvin usein käyttäjälleen vain rauhoittavia tietoja (esim. neljä tolppaa). Matkapuhelimen säteily on muka hyvin pieni, vaikka todellisuudessa se voi olla hyvin voimakas.

Onko mahdollista sanoa tarkasti ilman mittauslaitteita, milloin älypuhelin säteilee voimakkaasti ja kuinka suuri altistus on? On, vaikka valitettavasti valmistajat eivätkä säteilyturvaviranomaiset kerro ihmisille tästä mahdollisuudesta. Nykyisissä matkapuhelimissa on niin sanottu insinöörin valikko (Engineering Mode, Field Test Display, Field Test Mode, NetMon, Netmonitor, Net Monitor, FTD, Field Test). Käyttäjän pitää vain aktivoida se. Joskus aktivointi on helppoa, mutta hyvin usein se on tavalliselle käyttäjälle mahdotonta. Jos aktivointi onnistuu, käyttäjä voi nähdä yli sata matkapuhelimen lisätoimintoa, joista yksi kuvaa matkapuhelimen säteilytehoa. Älypuhelimen käytössä pitää kuitenkin olla älykkäänä myös oman turvallisuutensa näkökulmasta. Varoitamme, että insinöörin valikkoa tulee käyttää varovasti, koska väärät toiminnot voivat vahingoittaa puhelinta.

Israelilainen Tawkon-niminen yritys on tarjonnut käteviä sovelluksia, jotka pohjautuvat insinöörin valikkoon. Ne auttavat ihmisiä pienentämään omaa säteilytystään.

Ainakin Google Playssä on ollut niiden Android-sovelluksia. Myös suomalainen yritys Cellraid tarjoaa sovelluksia, jotka antavat älypuhelimen käyttäjälle mahdollisuuden arvioida oman altistuksensa karkeasti (4). Suosittelemme näitä sovelluksia kaikille. Kannattaa pyytää apua ammattilaiselta. Valitettavasti nyt, elokuussa 2020, Tawkonin ja Cellraidin sovelluksia ei kuitenkaan enää löydy Google Playstä. Niitä on silti vielä mahdollista hakea muualta. Tässä yhteydessä muistutamme, että sovelluksia kannattaa hakea vain luotettavasta lähteestä.

Olisi hyvä, jos älypuhelimen valmistaja antaisi käyttäjälle mahdollisuuden tarkastaa matkapuhelimensa säteilyteho (älypuhelin voisi kertoa jopa suuntaa-antavan SAR-arvon). Tällöin ihminen voisi käyttää älypuhelintaan vain silloin, kun sen säteily on heikkoa. Bonuksena olisi energian säästäminen.

Toivomme, että lukija tajuaa itse, kuinka usein ja voimakkaasti (usein yli sallitun rajan) hänen älypuhelimensa säteilee, erityisesti jos mobiilidata on kytketty päälle (eli internetyhteys on päällä). Tässä siis suosituksiamme:

- mobiilidata tulisi aina kytkeä pois (2G-, 3G-, 4G- ja 5G-verkoista), jos sitä ei käytetä
- myös wifi kannattaa sulkea
- jos käytät mobiilidataa ja wifiä, älypuhelin kannattaa aina pitää kaukana kehosta.

Suosituksiimme liittyvä selitys:

Yllämainitut toiminnot löytyvät helposti älypuhelimen pikavalikosta. Nykyaikaisissa älypuhelimissa perustiedot, kuten puhe ja tekstiviestit, siirretään pääosin 2G- tai 3G-verkon kautta verrattain hitaasti (siinä tapauksessa operaattori laskee usein puhelujen kestoa ja/tai tekstiviestien määrää). Mutta tiedonsiirto näissä verkoissa voi tapahtua myös nopeasti (jos päälle kytketään esim. GPRS-, EDGE-, HSDPA- tai HSUPA-tekniikka), jos halutaan esimerkiksi päästä internetiin. Tätä nopeaa tiedonsiirtoa kutsutaan älypuhelimissa usein mobiilidataksi.

4G (LTE)-verkot sopivat internetiin yleensä vielä paremmin kuin 2G- ja 3G-verkot. Myös 4G (LTE)-verkon nopea tiedonsiirto on luonteeltaan mobiilidataa. Varmaankin juuri sen takia nykyaikaisissa älypuhelimissa on usein vain yksi kuvake: mobiilidata. Se on ehdottomasti hyvä asia. Toki myös 5G-verkon nopea tiedonsiirto on mobiilidataa. Jos operaattori ja käyttäjä sallivat, yksi suuri tiedosto siirretään usein 4G-verkossa, mutta siirto voi tapahtua joko osaksi tai kokonaan myös 3G-/2G-verkoissa.

Myös uusissa tablettitietokoneissa on usein muun muassa 2G, 3G ja 4G sekä mahdollisuus soittaa samalla tavalla kuin matkapuhelimella. Siinä tapauksessa käyttäjän pitää joskus maksaa soiton kestosta. Vielä muutama vuosi sitten operaattorit eivät halunneet, että puhetta siirrettäisiin myös mobiilidatan avulla, koska ne varmasti halusivat saada edelleen rahaa jokaisesta puhutusta sekunnista ja tekstiviestistä. Teknisiä ongelmia ilmaisten puhelujen suhteen ei silti ole ollut ennenkään. Esimerkiksi Skype, WhatsApp ja Viber tarjoavat käyttäjilleen ilmaisia puheluja (tietysti oletetaan, että käyttäjä on maksanut operaattorilleen internetin käytöstä). Operaattorit ovatkin jo monessa maassa joutuneet siirtämään puhetta mobiilidatan avulla estääkseen tappioita. Nykyään markkinoidaan hyvin laajasti VoLTE (Voice over LTE)- ja VoWiFi (Voice over Wi-Fi)-palveluja.

Tavallinen käyttäjä ei aina edes tiedä, että hän on jo ostanut VoLTE-palvelun. Tarkkaavainen käyttäjä saattaa kyllä huomata uuden kuvakkeen (esim. VoLTE) älypuhelimen näytöllä. Näin tapahtuu esimerkiksi silloin, jos käyttäjä ostaa ”rajattoman” liittymän ja hänellä on sopiva 4G-älypuhelin. Siinä tapauksessa puhelin yrittää siirtää puhetta aina ensisijaisesti mobiilidatan avulla 4G-verkossa. Ainoastaan silloin, jos mobiilidatan käyttäminen ei onnistu, älypuhelin siirtää puhetta ja tekstiviestejä 2G- tai 3G-verkossa verrattain hitaasti. Operaattorit voivatkin nyt tarjota asiakkailleen ilmaisia puheluja mobiilidatan avulla kuten Skype, WhatsApp ja Viber ovat tehneet jo melko kauan.

Kun puhumme ilmaisesta puhelusta, tarkoitamme mobiilidatan avulla toteutettavaa puhelua. Asiakkaalle on hyötyä ”rajattoman” liittymän ostamisesta, koska hän voi tällöin soittaa eri numeroihin ilman maksullista lisäsopimusta. Myös asiakkaan terveyden näkökulmasta ”rajaton” liittymä on hyvä, koska jos 4G-yhteys häviää, älypuhelin jatkaa puheen siirtämistä 2G- tai 3G-verkossa tavallisena puheluna (verrattain matalalla nopeudella ja usein verrattain heikolla säteilyteholla). Jos ihminen soittaa ilmaista puhelua esimerkiksi Skypen kautta ja 4G-yhteys häviää, puhelu jatkuu usein 3G- tai jopa 2G-verkossa hyvin voimakkaalla säteilyteholla. Tällöin myös puhelun laatu huonontuu usein merkittävästi.

Tärkeä varoitus kaikille kuluttajille, jotka käyttävät ilmaisia puheluja: Puhelun aikana ihminen pitää älypuhelintaan joskus tiukasti kiinni päässään. Siksi säteily voi olla vaarallista. Esimerkiksi ilmainen puhelu mobiilidatan avulla huonossa kentässä vaatii erittäin voimakasta säteilytehoa. Jos käytössä on GPRS tai EDGE, säteilyteho kaksinkertaistuu ja voi saavuttaa 500 mW. Siinä tapauksessa SAR-arvon sallittu raja ylittyy tuntuvasti. Jo tästä syystä ilmainen puhelu voi olla vaarallinen (5). Tästä näkökulmasta suositus pitää älypuhelinta kaukana kehosta vaikuttaa järkevältä. Teoriassa teho voi olla jopa 2 000 mW (2 W). Käytännössä älypuhelin säteilee GPRS- tai EDGE-tekniikan avulla enimmillään 500 mW. Entä muut säteilevät laitteet, kuten mokkula tai modeemi? Miksi laite lämpenee joskus niin kovasti, ettei siihen voi edes koskea? Esimerkiksi amerikkalaisen FCC-järjestön mukaan sallitut säteilytehot ovat GSM:lle 7 W, UMTS:lle 1 W ja LTE:lle 2 W. Siitä huolimatta ihmisen sallitaan pitää laitetta kehonsa vieressä.

Ohessa on muutama kuva Cellraidin Quanta Monitorista todellisissa olosuhteissa (Huawei Y5). Käyttäjän kannattaa kuitenkin itse tarkastaa altistuksensa omalta älypuhelimeltaan. Kun puhelin säteilee heikosti (SAR ei ylitä 0,1 W/kg) 2G- ja 3G-verkoissa, kannattaa merkitä muistiin vastaavan tukiaseman kenttä (signaalin vahvuus). Valitettavasti älypuhelin säteilee joskus LTE-verkossa voimakkaasti jopa silloin, kun tukiaseman kenttä on hyvä. Siitä huolimatta on aina suositeltavaa valita hyvä LTE-tukiaseman kenttä.

Tietysti aina voit mitata matkapuhelimen säteilyn laajakaistaisen mittarin avulla. Sijoita mittari 30 cm:n etäisyydelle matkapuhelimesta ja mittaa tehotiheys soiton alussa. Jos tehotiheys ei silloin ylitä 10 000 $\mu W/m^2$ niin matkapuhelin säteilee siellä heikosti.

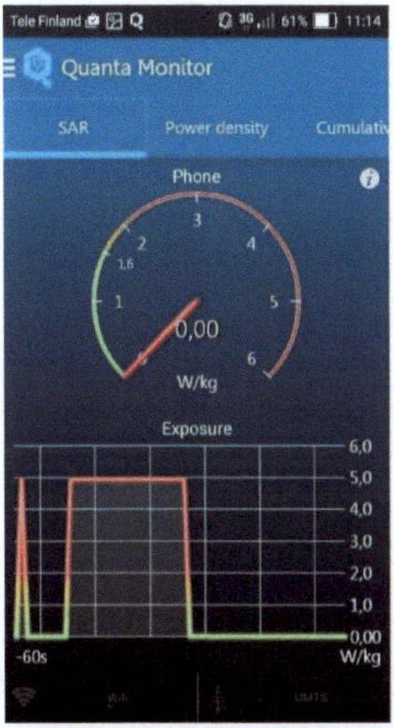

Kuvasta voi nähdä, että hyvin heikossa kentässä (yksi tolppa, n. −109 dBm) altistus 3G-verkossa oli pysyvästi hyvin suuri tavallisen soiton aikana. Mobiilidata aiheutti lähes saman altistuksen.

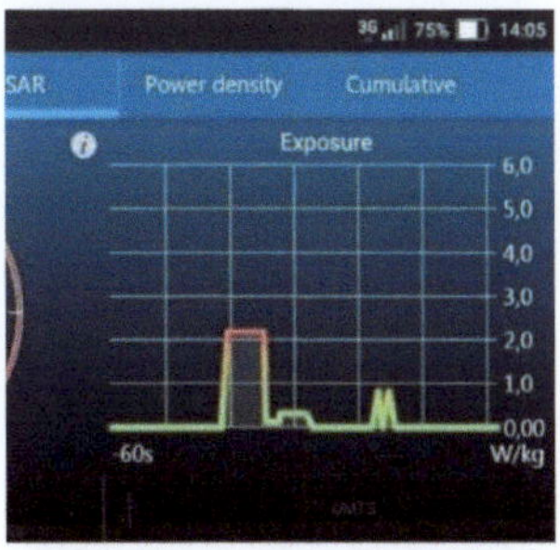

Kun kenttä parani hieman (kaksi tolppaa, n. −101 dBm), niin altistus pieneni. Se jäi kuitenkin vielä yli sallitun rajan. Kun kenttä parani (neljä tolppaa, vähintään −85 dBm), niin altistus oli vähemmän kuin 0,1 W/kg (ei näytetty).

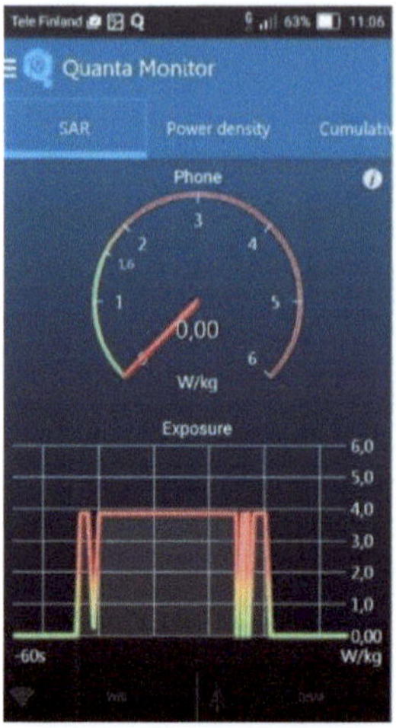

Kuvasta voi nähdä, että heikossa kentässä (kaksi tolppaa, n. −101 dBm) altistus 2G-verkossa oli pysyvästi hyvin suuri tavallisen soiton aikana. Mobiilidata aiheutti lähes saman altistuksen.

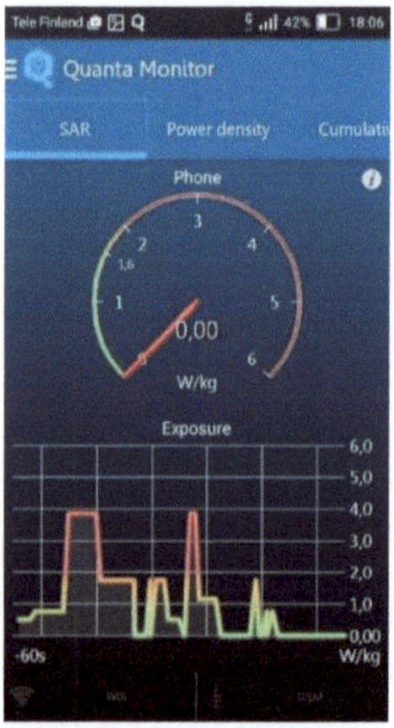

Kun kenttä parani (kaikki neljä tolppaa eli n. −67 dBm – −77 dBm), niin altistus säteilylle pieneni keskimäärin, mutta joskus se ylitti sallitun rajan. Vain siellä, missä kenttä oli todella vahva (yli −60 dBm), altistus oli pieni (ei näytetty).

Matkapuhelimen käyttö aiheuttaa terveysriskin erityisesti lapsille. Juuri sen takia Euroopan parlamentti kehotti 2.4.2009 rajoittamaan lasten matkapuhelimen käyttöä. STUK oli suositellut samaa jo 7.1.2009. Lapset ovat taipuvaisia matkimaan aikuisia, eikä heille ole helppo selittää, mikseivät he saisi käyttää matkapuhelinta kuten isä tai äiti. Lapset matkivat nimenomaan vanhempiensa käytöstä eivätkä yleensä kuuntele sanallisia ohjeita. Vanhempien pitäisi näyttää esimerkkiä. On hyvä muistaa, että Euroopan parlamentti suosittelee nuorille lyhyiden puheluiden soittamista ja puhelimen virran sammuttamista, kun matkapuhelinta ei käytetä (esimerkiksi oppitunneilla).

Säteilyturvakeskus antaa hyvän suosituksen (mutta miksi ainoastaan lapsille?): *"Vanhemmat voivat suositella puhelun asemesta tekstiviestien käyttöä."* Tähän pitää kuitenkin lisätä, että tekstiviestiä lähettäessään matkapuhelin voi joskus säteillä voimakkaastikin. Se kannattaa siis pitää kaukana kehosta – ainakin niin kaukana kuin käsivarsi ulottuu suorana. Näemme usein, että keskenkasvuinen itse pitää juuri tätä keinoa parempana kuin handsfree-laitetta. Ehkä lasten intuitio auttaa heitä tekemään oikean valinnan?

STUK suosittelee myös seuraavaa (mutta taas se koskee vain lapsia): *"Vanhemmat voivat rajoittaa puheluiden määrää ja kestoa."* Myös Venäjällä valtion virallinen järjestö Роспотребнадзор (Russian Federal Service for Surveillance on Consumer Rights Protection and Human Wellbeing, Rospotrebnadzor) antoi 10.1.2020 samanlaisia suosituksia vanhemmille: kannattaa rajoittaa lasten puheluja ja suositella heille tekstiviestien käyttöä, puhelu saisi kestää korkeintaan kaksi minuuttia ja tauon puheluiden välissä vähintään 15 minuuttia, kannattaa pitää matkapuhelinta laukussa jne.

Seuraavassa kerromme kahdesta tärkeästä seikasta:

Nykyään näyttää siltä, että monessa paikassa on hyvä kenttä 3G-verkossa, jolloin matkapuhelin säteilee melko heikosti. Kiitos siitä operaattoreille, koska vihdoinkin terveysriski pienenee ja energiaa säästyy! Jos matkapuhelin kuitenkin toimii pääosin 2G-verkossa (esim. ulkomailla), se säteilee voimakkaasti puhelun alussa. Näin ollen puhelua aloitettaessa puhelin kannattaa laittaa mahdollisimman kaukana itsestään. Soittonäppäintä kannattaa painaa puhelimen ollessa kaukana. Puhelin kannattaa siirtää korvalle vasta noin viiden sekunnin kuluttua sen alkamisesta. Vastaavasti ei kannata siirtää matkapuhelinta korvalle heti, kun joku soittaa, vaan vasta muutaman sekunnin päästä. Varmuuden vuoksi säteilyn voi mitata puhelun alussa 2G-verkossa hyvässä kentässä (mittarilla tai esim. Cellraidin Quanta Monitorilla). Matkapuhelin toimii 3G-verkossa eri tavalla (esim. säteilee puhelun alussa vain vähän, mutta säteily voi nousta puhelun edetessä). Emme kuitenkaan missään tapauksessa suosittele siirtämään matkapuhelinta korvalle heti puhelun alussa. Nykyaikainen matkapuhelin on pääosin älypuhelin, joka voi toimia myös 4G (LTE)-verkossa. Osa älypuhelimista toimii myös 5G-verkossa. Kuten 3G-verkossa, myös LTE-verkossa matkapuhelin voi säteillä vähän yhteyden alussa, mutta myöhemmin säteily voi nousta.

Matkapuhelimen korkein sallittu säteilyteho 2G- ja 3G-verkoissa on 250 mW, säteilyteho 4G (LTE)-verkossa on 200 tai 250 mW. Tämän suuruisia säteilytehoja on kuitenkin mitattu lähinnä aiempina vuosina – nykyään säteilyteho voi olla suurempikin. Käytännössä juuri 4G (LTE)-verkossa matkapuhelin toimii korkeimmalla säteilyteholla. LTE-verkossa älypuhelin myös säteilee suurimmalla teholla pidempään kuin 2G- tai 3G-verkoissa (6, 7). Tämä on ymmärrettävää, kun älypuhelin on heikossa kentässä, mutta teho jää usein suureksi silloinkin, kun lähestytään LTE-tukiasemaa. Siinä tapauksessa älypuhelimen verrattain kapea taajuuskaista muuttuu leveäksi taajuuskaistaksi.

Monissa LTE-teknologiaa tukevissa älypuhelimissa esimerkiksi 4G- ja 3G-toiminnot voivat olla päällä samanaikaisesti, jolloin puhelin voi säteillä kummallakin taajuusalueella. Silloin maksimaalinen säteilyteho nousee (500 mW). Tällaisissa sovelluksissa puhelimen akku purkautuu nopeasti. Myös 2G- ja 3G-verkoissa matkapuhelimet säteilevät voimakkaasti ollessaan kaukana tukiasemasta. Tukiasemaa lähestyttäessä säteilyteho kuitenkin pienenee, koska taajuuskaista ei muutu. Tämän lisäksi kannattaa mainita, että 2G-/3G-älypuhelin (ilman 4G-toimintoa) säteilee joko 2G- tai 3G-taajuusalueella – maksimaalinen säteilyteho ei siis muutu.

Toiseksi: 2G- ja 3G-verkoissa tavallisessa puhelussa matkapuhelin säteilee paljon voimakkaammin ihmisen puhuessa siihen kuin pelkästään kuunnellessa (olettaen, ettei taustalta kuulu voimakkaita ääniä).

Täten viisas ihminen, joka puhuu vähemmän ja kuuntelee enemmän (kuten monen maan kansanviisaus opettaa), altistuu oman matkapuhelimensa säteilylle verrattain heikosti. On tärkeää lisätä, että siinä tapauksessa myös altistus matalataajuiselle magneettikentälle ja matalataajuiselle sähkökentälle 2G-verkossa pienenee.

Valitettavasti tämä menetelmä ei poista matalataajuista säteilyä, jota vuotaa kuulokkeesta. Paras tapa vuotavan säteilyn vähentämiseen on kuulokkeen äänenvoimakkuuden pienentäminen. Tavallisesti matkapuhelimen kuulokkeesta vuotaa matalataajuista magneettikenttää 1,5 µT, vaikka WHO:n mukaan määrä saisi olla enintään 0,3 µT. Joskus matalataajuinen magneettikenttä on yli 10 µT. Näin voi olla esimerkiksi vedenkestävässä älypuhelimessa, jossa kuuloke on kokonaan näytön takana, minkä vuoksi valmistaja on joutunut nostamaan kuulokkeen tehoa. Suosittelemme aina älypuhelimen kuulokkeen äänenvoimakkuuden säätämistä mahdollisimman pieneksi.

Muista myös, että matkapuhelin säteilee voimakkaasti silloin, kun se rekisteröityy verkkoon, vaikka pelkkä verkon etsintä on säteilemätöntä.

STUK varoittaa: "*Niin sanotut kännykkäsuojat eivät vähennä merkittävästi altistumista*." Usein näin onkin, mikäli kännykkäsuojat ovat lähes yhtä pieniä kuin kännykät itse. Mutta jos kännykkäsuojat ovat reilun kokoisia, ne saattavat suojata käyttäjäänsä niin hyvin, että altistus on enää noin sadasosa entisestä. Suurikokoiset kännykkäsuojat ovat kuitenkin hankalia juuri ison kokonsa takia. Myynnissä on paljon erilaisia pieniä tuotteita, jotka kiinnitetään mihin tahansa kännykkään, ja niiden myötä säteilyaltistus muka pienenee. Tiedetään, että joskus säteily jopa nousee sellaisen tuotteen takia. Tästä on esimerkkinä patentin saanut tarra, joka ainakin väärin sijoitettuna suorastaan heittää säteilyn käyttäjää päin. Tässä asiassa STUK:n varoitus on paikallaan: ei pidä uskoa humpuukiin.

Miten pitää matkapuhelinta valmiustilassa? Monen tutkijan mielestä matkapuhelimen pitäminen aivan kehon lähellä aiheuttaa käyttäjälleen ison terveysriskin. Esimerkiksi Nokiahan suositteli pitämään Nokia 5030-matkapuhelinta yli 2,2 cm:n etäisyydellä kehosta. Me suosittelemme pitämään matkapuhelinta laukussa (ja sulkemaan mobiilidatan, wifin ja Bluetoothin).

Myös muut ihmiset tulee ottaa huomioon, sillä monet eivät kestä edes lähistöllään olevaa matkapuhelinta. Ihmisen keho voi tuntea matkapuhelimen mikroaaltosäteilyn jopa 90 m:n etäisyydeltä. Lisäksi 2G-verkossa matkapuhelimesta vuotaa vieläkin vahvaa matalataajuista magneettikenttää (3G-verkossa sen sijaan ei), joka voi ulottua jopa muutaman metrin päähän ja voi aiheuttaa terveyshaittoja erityisesti lapsille (WHO on julistanut 0,3 µT:n ylittävät matalataajuiset magneettikentät mahdolliseksi syöpävaaraksi lapsille). 2G-verkossa olevasta matkapuhelimesta vuotaa usein myös vahvaa matalataajuista sähkökenttää (8).

"Matkapuhelin kannattaa sulkea yöksi, etteivät sen pulssit pääse häiritsemään aivojen unirytmiä. Kun aamupäivällä kytket sen taas päälle, saat kyllä kaikki tekstiviestit, jotka sinulle on yöllä ja aamulla lähetetty. Matkapuhelimen herätystoiminto toimii, vaikka virta olisikin katkaistu." Tämä oli suosituksemme, kun aloimme kirjoittaa kirjaamme. Nyt Suomesta löytyy paljon paikkoja, joissa matkapuhelin toimii 3G-verkossa ja 3G-kenttä on hyvä. Siinä tapauksessa matkapuhelin voi olla yöllä valmiustilassa, koska säteilyä ei ole tai se on hyvin heikkoa. Mutta niin on vain, jos mobiilidata, wifi, Bluetooth ja NFC pidetään suljettuina. Mobiilidata kannattaa sulkea aina. Muuten Wifi, Bluetooth ja NFC eivät kuitenkaan aina

säteile. Esimerkiksi wifin lähetin matkapuhelimessa ei säteile, jos vieressä oleva reititin, joka voisi toimia matkapuhelimen kanssa, on suljettuna. Kannattaa kuitenkin varmuuden vuoksi sulkea wifi, Bluetooth ja NFC aina, kun niitä ei tarvita.

Osa huippuluokan (high-end) älypuhelimista, tietokoneista ja televisioista käyttää jo standardia Wireless High Definition (Wireless HD) tai Wireless Gigabit (WiGig). Nämä standardit antavat mahdollisuuden siirtää muun muassa videoita ja suuria tiedostoja langattomasti toiselle, yleensä vieressä olevalle laitteelle (ei matkapuhelimien tukiasemalle) hyvin nopeasti (jopa 7 Gbit/s, siis paljon nopeammin kuin Bluetooth tai Wi-Fi Direct) käyttämällä 60 GHz:n taajuutta. Toiminto edellyttää pääosin suoraa näkyvyyttä. Lähetysteho voi olla 10 mW, joten terveyshaitat (erityisesti silmille) ovat mahdollisia. Tämäkin toiminto kannattaa sulkea, kun sitä ei tarvita. Ensimmäiset kaupalliset, näitä standardeja käyttävät älypuhelimet ilmestyivät markkinoille vuonna 2016 (9). Tuolloin niiden hinta saattoi olla jopa lähes 14 000 dollaria.

Ei siis ole hätää, jos odotat tärkeitä puheluja yöaikaan. Kannattaa vain tarkistaa, että matkapuhelin on 2–4 m:n etäisyydellä sängystäsi paikassa, jossa tukiaseman 3G-kenttä on hyvä.

Kaikki matkapuhelimien valmistajat muistuttavat, ettei matkapuhelimen antennin paikkaa saa peittää kädellään, koska silloin laite saattaa nostaa lähetystehoaan. Joskus antenni on matkapuhelimen yläosassa ja joskus alaosassa. Toisinaan ohjekirja kertoo antennin paikan. On mielenkiintoista, että vaikka lähetysteho nousee, säteilyteho voi jopa pienentyä (ainakin monessa testatussa matkapuhelinmallissa). Täten myös käyttäjän pään altistus säteilylle voi pienentyä.

Ulkoantenni pienentää altistusta muun muassa autossa sekä parantaa yhteyttä. Esimerkiksi säteily, joka kohdistui käyttäjään vanhasta matkapuhelimesta (Nokia 6210), pieneni lähes sadasosaan, kun matkapuhelin liitettiin ulkoantenniin. Valitettavasti monen matkapuhelimen uudesta mallista puuttuu antennin liitin.

Olemme sitä mieltä, että yksi parhaista tavoista vähentää merkittävästi omaa säteilyaltistustaan on kaiutintoiminnon käyttö (myös STUK on vihdoin suositellut sitä). Suosittelemme käyttämään kaiutinta aina puhelun aikana ja pitämään matkapuhelinta ainakin 40–100 cm:n etäisyydellä kehosta. Sillä tavalla altistumistaan korkeataajuiselle säteilylle voi vähentää jopa sadasosaan. Samanaikaisesti matalataajuinen magneettikenttä ja matalataajuinen sähkökenttä ihmisen pään sisällä pienenevät merkittävästi. Jos vielä noudattaa yllä olevia ohjeita, altistus pienenee entisestään. Esimerkiksi mittaustemme mukaan tehotiheys vähän säteilevästä matkapuhelimesta (SAR-arvo n. 0,05 W/kg) ei ylitä noin 1 000 $\mu W/m^2$ (EN:n suositus), jos etäisyys kehosta on yli 40 cm. Monen riippumattoman tutkijan ja järjestön mielestä tuo taso suojaa käyttäjää ainakin vakavilta sairauksilta. Lisäksi isokokoinen kännykkäsuoja voisi auttaa erittäin sähköherkkiä ihmisiä käyttämään matkapuhelinta vaikkapa kesämökillä.

Jos älypuhelin toimii modeemina, säteilyteho voi olla hyvin suuri (esim. 500 mW EDGE + 100 (200) mW wifi). Emme suosittele modeemikäyttöä, kun älypuhelin on taskussa. Sama suositus koskee langatonta, pienikokoista reititintä. Jos tuota tekniikkaa käyttää pitkäaikaisesti, laite kannattaa pitää noin 10 m:n etäisyydellä ja sulkea aina käytön jälkeen.

Matkapuhelin energiatehokkaassa talossa

Joskus matkapuhelinsignaali ei pääse energiatehokkaaseen taloon. Toisinaan jopa uusien ikkunoiden asentaminen aiheuttaa saman ilmiön. Hyvä puoli on se, että myös muu säteily talon sisällä pienenee merkittävästi. Ihmiselle, joka on tottunut käyttämään matkapuhelintaan jatkuvasti, kyseessä voi kuitenkin olla katastrofi. Hän ei pääse verkkoon tai jos pääseekin, kenttä on huono. Niinpä hänen altistuksensa on aina hyvin suuri ja yhteyden laatu huono.

Tähän ongelmaan operaattoreilla on omat ratkaisunsa (VoLTEn ja VoWiFin käyttö). Talon sisällä (esim. kerrostaloasunnossa) matkapuhelin toimii wifiverkossa, ja ulkona käytetään 4G-verkkoa. Toki tästä ratkaisusta pitää maksaa (sekä 4G-verkon käytöstä että talossa olevasta laajakaistainternetistä). Puhelu voi kylläkin katketa, jos sekä 4G- että wifisignaalit häviävät samanaikaisesti (esim. rappukäytävässä).

Suosittelemme kokeilemaan tapaa, joka auttaa usein: ulkoinen suunta-antenni suunnataan kohti vastaavaa tukiasemaa ja kiinnitetään kaapelin (0,5–1 m) avulla sisäiseen ympärisäteilevään antenniin. Ulkoinen suunta-antenni vahvistaa mobiiliverkon signaalia sisätiloissa ja parantaa kuuluvuutta etenkin uudisrakennuksissa. Ratkaisulla saavutetaan jopa 30–100 kertaa voimakkaampi signaalin läpäisy seinärakenteiden läpi (10). Asentajalta kannattaa kuitenkin vaatia, että kuuluvuuden tulee olla hyvä – muutoin altistus matkapuhelimen säteilylle on suuri. Suomessa Nokian spinoff-yritys ja eristeitä toimittava

Finnfoam ovat aloittaneet FF-Signal-signaalivahvistimen myynnin.

Huomaa kuitenkin, että antennien yhteydessä käytettävien vahvistimien luvaton käyttö on kielletty.

Säteileekö suljettu älypuhelin?

Kysymys näyttää aluksi oudolta, mutta tarkemmin ajateltuna siinä on järkeä.

Ensiksikin: älypuhelimen kello ja herätyskello toimivat, vaikka suljetun älypuhelimen säteily on yleensä merkityksetöntä.

Toiseksi: Apple pitää huolen siitä, ettei sen tuotteita varasteta. Yhtiö on patentoinut ratkaisunsa, joka antaa käyttäjälle mahdollisuuden löytää oma kännykkänsä, vaikka se olisi suljettu. Tietysti edellytetään, että älypuhelin voi aika ajoin säteillä myös suljettuna. Nykyään Applen älypuhelimissa on toiminto Find my iPhone, jonka saa aktivoitua, kun älypuhelin kytketään verkkoon. Jos joku siis aktivoi tämän toiminnon ja antaa älypuhelimen lahjaksi toiselle ihmiselle, lahjan antaja saa halutessaan tietää, missä lahjan saaja milloinkin on.

Kolmanneksi: Jos suljettua älypuhelinta liikutetaan ihmisen vieressä, siinä oleva pysyvä magneetti luo muuttuvaa magneettikenttää, joka indusoi ihmisen kehoon pulssimaisia, matalataajuisia virtoja. Sama ilmenee silloin, kun älypuhelin lojuu sängyssä ihmisen vieressä ja ihminen pyöriskelee sängyssään – unen laatu voi siten olla huonoa.

Ja neljänneksi: jos suljettuun älypuhelimeen kytketään laturi, matalataajuinen sähkökenttä älypuhelimen vieressä voi ylittää 15 kV/m, vaikka sallittu raja on huomattavasti matalampi.

Voiko matkapuhelin aiheuttaa äkillisen kuoleman?

Voi. Kuolemia sattuu kylläkin vain äärimmäisissä tapauksissa, mutta niitä voi aiheutua tahattomasti. Valitettavasti valmistajat ja säteilyturvaviranomaiset eivät varoita mahdollisesta vaarasta. Mediassa on ollut esillä, että todellinen SAR-arvo voi olla enemmän kuin 2 W/kg. Silti ei ole osoitettu, että kyseessä olisi todellinen ja välitön vaara.

Todellinen altistus (todellinen SAR-arvo) voi ylittää 2 W/kg moninkertaisesti seuraavista syistä:

1. GPRS tai EDGE.
2. 4G voi toimia samanaikaisesti 3G:n kanssa.
3. Vuonna 2018 EU:n määräykset vaativat, että matkapuhelimen etäisyys kehosta tulee olla vähintään 0,5 cm, ja yhdysvaltalainen FCC puolestaan, että sen tulee olla vähintään 1,5 cm. SAR-arvo mitataan siis 0,5 cm:n tai 1,5 cm:n etäisyydeltä kehosta, vaikka ihminen yleensä pitää matkapuhelinta 0 cm:n etäisyydellä kehostaan eli kiinni siinä.

Asiasta tarvitaan selvitys ja kehotus laitteiden valmistajille.

Lähes aina laitteen ohjekirjassa sanotaan, että esimerkiksi matkapuhelimen etäisyyden kehosta tulee olla vähintään 0,5 cm. Todellisuudessa käyttäjän pitää ymmärtää, että kyse on vartalosta (ei kehosta) – muutenhan käyttäjä joutuisi aina puhelun aikana pitelemään puhelintaan esimerkiksi paksu hansikas kädessä. Käsihän on kehon osa.

Valmistajan kannattaisikin kirjoittaa ohjekirjaan näin: "*Matkapuhelimen etäisyyden vartalosta tulee olla vähintään 0,5 cm.*" Juuri tuollainen suositus olisi hyödyllinen käyttäjälle, kun hän pitää matkapuhelintaan esimerkiksi taskussa. Säteilyturvaviranomaiset tekevät paikallista SAR-mittausta juuri vartalosta (ei kehosta).

Samaten valmistajan kannattaisi kirjoittaa selvästi, että käyttäjä voi pitää matkapuhelinta kädessään ilman riskiä. Miksi näin? Koska paikallinen SAR-arvo kädessä voi joskus ylittää sallitun normin (4 W/kg), erityisesti jos mobiilidata on päällä. Matkapuhelinta voi pitää korvalla – siinä tapauksessa korvan paksuus tekee etäisyydeksi kallosta noin 0,5–1,5 cm – mutta käyttäjä voi myös pitää matkapuhelinta aivan kallossaan kiinni, jolloin todellinen SAR-arvo nousee.

4. Metallinen seinä ihmisen vieressä.

5. Mahdollinen mikroaaltoresonanssi ihmisen sisällä.

6. Wifi aiheuttaa merkittävää lisäaltistusta, koska sen maksimaalinen nimellisteho on 0,1 tai 0,2 W.

7. Nykyaikaisten älypuhelimien maksimaalinen nimellisteho voi olla yli 0,25 W.

On mielenkiintoista, että matkapuhelimen maksimaalinen nimellisteho on lähes sama (24 dBm/0,25 W) 2G-, 3G- ja 4G-taajuusalueilla. Varmaankin näin on päätetty, jotta estetään SAR-arvon nousu (yli 2 W/kg:n). Siitä näkökulmasta voi hyvin karkeasti arvioida, että maksimaalinen nimellisteho 0,25 W tekee vastaavan maksimaalisen altistuksen (SAR-arvo 2 W/kg).

Vastauksemme kysymykseen, miksi matkapuhelin voi aiheuttaa äkillisen kuoleman, perustuu valitettavan usein salattuun seikkaan: pään tai vartalon lämpötilan nousuun. Cellraidin Quanta Monitorissa on oikein hyvää se, että sovellus tarjoaa altistuksen arvioinnin todellisessa tapauksessa eli silloin, kun matkapuhelinta pidetään kiinni vartalossa. Säteilyturvaviranomaiset taas mittaavat SAR-arvon 0,5–1,5 cm:n etäisyydeltä vartalosta. Cellraidin mukaan SAR-arvo voi olla jopa 8 W/kg, kun matkapuhelin on aivan kiinni vartalossa.

Ranskalaiset laskennat (11) osoittavat samansuuruisia arvoja. Samanlaiseen tulokseen päädytään eräässä muussakin artikkelissa (12).

Karkeasti voisimme arvioida, että myös silloin, kun matkapuhelin on aivan kiinni kallossa, SAR-arvo voi olla jopa 8 W/kg.

Säteilyturvaviranomaisten mukaan aivot lämpenevät korkeintaan 0,3 °C, jos SAR-arvo on enintään 2 W/kg (STUK). Joidenkin tietojen mukaan aivot kuitenkin lämpenevät jopa 0,5–2 °C (5). Karkeasti voisimme arvioida, että myös vartalon osat lämpenevät korkeintaan 0,3 °C, jos SAR-arvo vartalossa on enintään 2 W/kg.

Jokainen ymmärtää, että lämpeneminen voi olla paljon suurempaa kuin 0,3 °C, koska matkapuhelinta pidetään usein aivan kiinni kallossa tai vartalossa (ja SAR-arvo on jopa 8 W/kg).

Valitettavasti käyttäjän tilanne voi olla vielä pahempi – todellinen altistus matkapuhelimesta voi olla suurempikin kuin 8 W/kg. Se johtuu siitä, että matkapuhelimen säteilyteho voi nousta kaksinkertaiseksi, jopa suuremmaksi (esim. EDGE-toiminto antaa matkapuhelimelle mahdollisuuden säteillä 500 mW). Jos matkapuhelimen käyttäjä puhuu puhelua 2G-verkon kautta ja samanaikaisesti lähettää tiedostojaan internetiin, säteilyteho voi olla jopa 500 mW. Näistä syistä myös SAR-arvo voi nousta kaksinkertaiseksi ja olla jopa 16 W/kg. Jos matkapuhelimen käyttäjä taas on johtavan (metallisen) pinnan vieressä, SAR-arvo voi nousta vielä noin nelinkertaiseksi eli lukemaan 64 W/kg. Vastaavasti lämpötila päässä voi nousta

9,6 °C (ei siis 0,3 °C) lukemaan 16 °C (ei siis 0,5 °C). Tässä oletetaan, että lämpötilan nousu on 0,3 °C, kun SAR-arvo on 2 W/kg (säteilyteho n. 250 mW). Jos SAR-arvo kuitenkin on 64 W/kg, lämpötilan nousu on 0,3 °C × 64/2 = 9,6 °C. Veren solut kuolevat, jos ruumiinlämpö nousee yli 43 °C:n. Niinpä jopa terveen ihmisen (ruumiinlämpö 36,6 °C) äkillinen, nopea kuolema on valitettavasti mahdollinen (36,6 °C + 9,6 °C = 46,2 °C). Joku voi sanoa, että koska veri tulee päähän, se myös poistuu sieltä. Näin on. Mutta ehtiikö veren soluja kuolla päässä, jos lämpötilan nousu on 9,6–16 °C?

On myös tehty laskelma (13), joka osoittaa, että realistisessa tapauksessa (kun pää katsotaan epähomogeeniseksi) paikallinen SAR-arvo voi olla 40 W/kg, kun taas kuvitellussa tapauksessa (pää katsotaan pääosin homogeeniseksi) SAR-arvo ei ylitä 2 W/kg. Täten todellinen paikallinen SAR-arvo voi olla 1 280 W/kg (64 W/kg × 20). Epäilemättä ihmisen päässä kuolee soluja, koska lämpötilan nousu voi olla 192–320 °C. Näin tapahtuu, kun epähomogeenisessa kohteessa on resonanssia.

Georgiy kertoo: *"Resonanssi on tuttu ilmiö mikroaaltotekniikassa. Mikroaaltolaitteen valmistaja pyrkii käytännössä aina välttämään sitä, koska muuten laite voi mennä heti rikki. Jo vuonna 1974 tein diplomityöni ja julkaisin tieteellisen artikkelin tästä asiasta (14). Resonanssin estääkseen mikroaaltolaitteen valmistaja valitsee oikean aineen, laitteen oikean muodon ja/tai oikean taajuuden."* Valitettavasti tavallinen matkapuhelimen käyttäjä ei pysty kokonaan estämään mahdollista resonanssia päässään ja/tai kehossaan. Jos hän itse ja lähettimen taajuus ovat sopivia resonanssia varten, resonanssia syntyy.

Maksimialtistus saavutetaan kuitenkin onneksi hyvin harvoin. Altistus on silti melko suuri, jos ihminen puhuu ilmaista puhelua tai pitää puhelinta taskussaan lähettäessään tietoja EDGE-toiminnon avulla. Joku matkapuhelimen käyttäjä voi sanoa, ettei hän koskaan puhu johtavan pinnan vieressä eikä käytä EDGE (GPRS)-toimintoa. Silti hän kuitenkin varmasti joskus pitää matkapuhelintaan tiukasti kiinni päässään soittaessaan puheluja 2G- tai 3G-verkon avulla. Maksimialtistus voi tällöin olla 160 W/kg (8 W/kg × 20) ja vastaava lämpötilan nousu 24–40 °C. Viesti on siis hälyttävä myös tuolle käyttäjälle.

Jotta resonanssin vaikutus olisi mahdollisimman heikko, kaikkein tärkeintä on pienentää ihmiseen tulevaa mikroaaltoenergiaa. Ensisijaisesti matkapuhelimen käyttäjän täytyy huolehtia siitä, että hän pitää matkapuhelinta kaukana (esim. 0,5–1 m:n etäisyydellä) vartalostaan ja/tai päästään. Myös muita keinoja mikroaaltoenergian (säteilyn) pienentämiseen toki löytyy.

Mahdollinen äkkikuolema voi täten johtua esimerkiksi siitä, että korkean lämpötilan takia ihmiseen muodostuu "trombi", minkä jälkeen vuorossa on sydän- tai aivoinfarkti. Jopa yksi onneton puhelinsoitto voi katkaista elämän. Kuinka moni terveistä ihmisistä haluaa tietoisesti kuolla pian? Toinen mahdollisuus on se, että jo lyhytkestoinenkin puhelu voi vahingoittaa pään osia ja aiheuttaa syöpää. Tästä näkökulmasta ei ole ihme, että jopa hyvin harva puhelutiheys voi aiheuttaa syöpää, jos matkapuhelin säteilee voimakkaasti.

Viimeinen vaihtoehto ei liity äkilliseen kuolemaan, syöpään eikä muihin sairauksiin vaan kehon heikkoon lämpenemiseen.

Asia koskee pääosin pitkäaikaista (jatkuvaa) säteilyä, jota pääsee ihmiseen tukiasemista, säätutkista, radiolinkeistä, DECT-asemista, wlanista jne. Millä tavalla se voi vaikuttaa ihmisen elämään? Yksi ihmiskunnan tärkeimmistä haasteista on, miten laadukasta elämää voisi pidentää. Monen tutkijan mielestä ihminen voisi elää kauemmin, jos kehon lämpötila laskisi. Japanilaisten tutkijoiden mielestä ihmisen elämään voitaisiin lisätä 50 vuotta, jos kehon lämpötila laskisi 1 °C:n. Käytännössä on hyvin vaikeaa laskea ihmisen kehon lämpötilaa.

Uusi hypoteesi antaa mahdollisuuden arvioida elämän lyhenemistä sähkömagneettisen säteilyn takia. Mitä tapahtuisi, jos ihmisen kehon lämpötila nousisi? Voisi olettaa, että elämä lyhenisi, koska kaikki oleelliset syyt ja tekijät ihmisessä toimisivat päinvastoin. Jos joku väittää, että ihmisen kehon lämpötilaa on hyvin vaikea nostaa, hän valitettavasti erehtyy. Sähkömagneettinen säteily, erityisesti 20–6 000 MHz:n taajuusalueella, voi helposti tunkeutua ihmisen kehoon ja lämmittää sitä.

Valitettavasti monessa Euroopan maassa on yhä käytössä viime vuosisadan säteilyturvanormi, joka antaa luvan säteilyttää ihmisiä hyvin voimakkaalla säteilyllä. Outoa kyllä, SAR-arvo salaa lääkäreiltä mahdollisen vaaran oikein hyvin, koska se kuvaa vain sitä, miten paljon ihmiskehon kudoksiin absorboituu tehoa. Olisi ihan toinen asia, jos normi kertoisi suoraan lämpötilasta. Siitä saadaan tietoja kuitenkin vain harvoin. STUK:han arvioi matkapuhelimen radioaaltojen aiheuttaman lämpötilan nousun aivojen pinnalla enintään 0,3 °C:ksi. Jos ihmisen kehon lämpötila kuitenkin nousisi noin 0,3 °C, voisi karkeasti arvioida (lineaarisesti ekstrapoloida), että hänen elämänsä lyhenee 15 vuotta. Kuka haluaisi tietoisesti lyhentää elämäänsä yli 15 vuotta? Tietenkään matkapuhelin ei säteile koko elämän ajan. Se lämmittää pääosin päätä, ja lämpötilan 0,3 °C:n nousu on huippuarvo. Näin tosiaan onkin, mutta toisaalta kyseessä on hyvin vanha tieto. Monessa tuoreemmassa tutkimuksessa on osoitettu, että lämpötilan nousu päässä voi olla paljon enemmän. Esimerkiksi vuonna 2011 tehty laskelma osoittaa, että lämpötilan nousu päässä voi olla yli 2 °C. Jopa pään sillä puolella, missä ei ole matkapuhelinta, lämpötila voi nousta noin 1 °C, vaikka SAR-arvo on siellä merkityksetön (lämpötilan nousun pääsyy on lämmön siirtyminen eikä sähkömagneettisten aaltojen tehon absorboituminen). Täten SAR-arvo ei anna todellista kuvaa siitä, miten pää lämpenee (15). Ihmisen vartalolle (samoin kuin päälle) sallittu paikallinen SAR-arvo on 2,0 W/kg.

Jos ihmisen keho säteilytetään monesta suunnasta ja/tai erilaisista kohteista, kannattaa ottaa huomioon keskimääräinen koko kehon SAR. Suomen säteilyturvaviranomaisten mukaan sen rajoiksi asetettiin väestölle 0,08 W/kg ja työntekijöille 0,4 W/kg. Jo vuonna 1998 ICNIRP kirjoitti, että eri tiedelähteiden mukaan kehon kokonaislämpötilan 1 °C:n nousu vastaa keskimäärin koko kehon SAR-arvoa 1–4 W/kg. Jos lämpötilan nousu on yli 1 °C, ihminen kärsii lämpöstressistä. Säteilyn raja-arvot pitäisikin valita niin, ettei lämpöstressiä koskaan syntyisi. Juuri tästä syystä nykyinen suomalainen, keskimääräinen koko kehon SAR-normi onkin valittu. Huono asia puolestaan on, että ICNIRP valitsi arvoksi 4 W/kg, vaikka sen olisi pitänyt valita pahin tapaus eli 1 W/kg. Se merkitsee sitä, että ihmisen turvakerroin on vain neljäsosa siitä mitä ICNIRP väittää. Toisin sanoen ICNIRP väittää työntekijälle, että kehon lämpötilan nousu ei voi olla yli 0,1 °C, vaikka todellisuudessa se voi olla jopa 0,4 °C. Tässä kirjassa keskitytään pahimpaan mahdolliseen tapaukseen: lämpötila nousee 1 °C:n, kun keskimääräinen koko kehon SAR-arvo on 1 W/kg.

Täten tavallisen ihmisen elämä voi lyhentyä jopa neljä vuotta ja työntekijän 20 vuotta. Toki työntekijän elämä lyhenee käytännössä hiukan vähemmän, koska hyvin voimakas säteily ei kestä koko elämää. Kysymys on vain siitä, kuinka paljon lämpötila nousee vartalossa ja päässä todellisessa tilanteessa. Tässä ei ole aikarajoituksia, vaan säteilyturvanormit sallivat säteilyttää ihmistä tahallaan tai tahattomasti vaikka koko elämän ajan. Ihmisen elämä siis lyhenee pitkäaikaisen säteilytyksen vaikutuksesta.

Kuinka monta vuotta ihmisen elämä sitten käytännössä lyhenee: 20 vuotta, enemmän vai vähemmän? Kiistaton johtopäätös hypoteesista on joka tapauksessa se, että jatkuva keinotekoinen ionisoimaton säteily nostaa ihmisen kehon lämpötilaa, jolloin ihmisen elämä lyhenee.

Vuonna 2011 EN antoi varovaisuusperiaatteen mukaisen suosituksensa kaikille jäsenvaltioilleen, jotta ne asettaisivat uuden turvarajan 100 $\mu W/m^2$ pitkäaikaisen mikroaaltosäteilyn varalta koskien koko väestöä. Miten tämä turvaraja lyhentää tavallisen ihmisen elämän pituutta? Sen voi karkeasti arvioida. Keskimääräinen koko kehon SAR 0,08 W/kg vastaa tehotiheyttä 2 000 000–10 000 000 $\mu W/m^2$. Arvo riippuu taajuudesta (16), ja tässä tapauksessa tavallisen ihmisen elämä lyhentyisi 4 vuotta. Keskimääräinen tehotiheys 100 $\mu W/m^2$ lyhentää elämää vain 4 × 100/2 000 000 = 0,0002 tai 4 × 100/10 000 000 = 0,00004 vuotta eli 0,35–1,75tuntia.

Mikäli Suomi ottaisi käyttöön uuden turvarajan, niin ihmisen elämä ei lyhentyisi sähkömagneettisen kentän lämpövaikutuksen takia pahimmillaan kuin pari tuntia. Varmasti moni meistä suostuisi maksamaan tämän hinnan teknisestä kehityksestä.

Älypuhelin lentokonetilassa

Jos puhelin laitetaan lentokonetilaan, niin mikroaaltosäteily katkeaa muutaman sekunnin kuluessa. Jos joku (esim. sattumalta) kytkee päälle wifin, Bluetoothin tai NFC:n, niin vastaavat lähettimet voivat säteillä, vaikka lentokonetila olisikin päällä. Kannattaa myös muistaa, että kun käyttäjä tekee jotakin lentokonetilassa olevalla älypuhelimella, älypuhelimen ympärille muodostuu vahvaa, matalataajuista magneettikenttää, joka voi ylittää 1 µT. Näin ollen lapset kannattaa opettaa pitämään älypuhelimensa ainakin 20–30 cm:n päässä kehostaan.

Valitettavasti älypuhelimen lentokonetila ei kuitenkaan suojaa käyttäjää kovin hyvin matalataajuisilta kentiltä. Jotta altistumista magneettikentille voisi välttää, olisi hyvä käyttää ulkoista USB-näppäimistöä ja USB-hiirtä. Niiden kiinnittämiseksi älypuhelimeen pitäisi lisäksi hankkia OTG-kaapeli. Joskus älypuhelimen lähtöteho ei riitä USB-näppäimistön ja USB-hiiren toimimiseen samanaikaisesti. Mikäli näin on, pitää lisäksi hankkia aktiivinen USB-jakaja.

Edellä kuvattu suositus tarjoaa mahdollisuuden pienentää radio- ja matalataajuista säteilyä merkittävästi myös silloin, kun lentokonetila kytketään pois päältä. Tekstin kirjoittaminen on lisäksi kätevämpää ulkoisella näppäimistöllä kuin älypuhelimen näytön virtuaalisella näppäimistöllä (17). Tällainen ratkaisu sopii hyvin myös tablettitietokoneelle ja kannettavalle tietokoneelle. Valitettavasti on kuitenkin kannettavia laitteita, jotka eivät toimi ulkoisen USB-näppäimistön ja/tai ulkoisen USB-hiiren kanssa. Voitkin asentaa laitteeseesi OTG-sovelluksen, joka kertoo niiden toimivuudesta. Vaihtoehtoisesti voit käyttää sovellusta, joka muuttaa äänesi tekstiksi, jolloin voit pitää älypuhelinta kaukana kehostasi.

Samsung ehdottaa myös ulkoisen virtuaalisen näppäimistön käyttämistä (esim. pöydän pinnalla). Siinä tapauksessa älypuhelimen tai tablettitietokoneen kameran pitää nähdä, kun käyttäjän sormet liikkuvat ulkoisen virtuaalisen näppäimistön päällä. Mielestämme kyseessä on hyvä keksintö, koska bonuksena käyttäjän säteilyaltistus pienenee merkittävästi (esim. jos etäisyys säteilevästä laitteesta on yli 1 m).

Jos on mahdollista, niin peli tai elokuva tms. kannattaa tietysti aina ensin ladata nopeasti internetistä ja sitten käyttää sitä ilman mikroaaltosäteilyä. Ei ole järkevää katsoa elokuvaa online monta tuntia ja altistua koko ajan mikroaaltosäteilylle, jos elokuva on mahdollista ladata laitteelle muutamassa sekunnissa. Tietysti paras ratkaisu olisi langallinen lataaminen netistä.

On hyvin tiedossa, että torakat sietävät ionisoivaa säteilyä paljon paremmin kuin ihmiset. Torakoille hengenvaarallinen säteilyannos on noin kymmenenkertainen ihmisiin verrattuna. Sen sijaan moni meistä ihmisistä ei kuitenkaan kärsi välittömästi älypuhelimen tuottamasta ionisoimattomasta radiotaajuisesta säteilystä, vaikka torakat kärsivätkin siitä (18). Älä siis puhu älypuhelimella torakan vieressä äläkä anna älypuhelintasi torakalle. Lentokonetilassa älypuhelin on myös torakoille toistaiseksi vaaraton.

Ellei matkapuhelinta voi käyttää

Jos matkapuhelinta ei voi käyttää millään konstilla, niin vaihtoehtoja on muutama. Langallinen internet-yhteys antaa mahdollisuuden soittaa ilmaisia puheluja Skypen, WhatsAppin, Viberin jne. avulla.

Mikäli seudulla on vielä lankapuhelinverkko, niin lankapuhelin on hyvä vaihtoehto. Hyvin herkille ihmisille sekään ei kuitenkaan aina sovi. Tällöin on etsittävä sopiva lankapuhelinmalli, josta vuotaa mahdollisimman pieniä kenttiä (pysyvä magneettikenttä ja sähkökenttä mukaan lukien). Piezo-puhelimet sopivat toisille, joitakin on auttanut vanha bakeliittipuhelin ja eräät pärjäävät kaiutinlankapuhelimella. Viimeisin vaihtoehto on letkupuhelin, jossa luuriin tulevat johdot on korvattu muovisella letkulla (olettaen, että luurissa ei ole virtaa). Tavalliseen luuriin voi myös asentaa muovipurkin, johon lankaverkon hyvin vähäinen säteily jää. Tällaisen puhelimen joutuu rakentamaan itse.

Tablettitietokone

Aiemmin tablettitietokone sisälsi tavallisesti vain wifimoduulin, joka voi vastaanottaa ja lähettää mikroaaltoja.

Nykyaikainen tablettitietokone sisältää usein lisäksi 2G-, 3G-, 4G- ja muita moduuleja. Monessa tablettitietokoneessa on myös tavallinen matkapuhelintoiminto, joka antaa käyttäjälle mahdollisuuden soittaa puheluja esimerkiksi 2G- ja 3G-verkoissa. Oikeastaan sellainen tablettitietokone on siis suuri älypuhelin. Erona on kuitenkin, että nykyaikaisen tablettitietokoneen on sallittua säteillä voimakkaammin kuin vanhan älypuhelimen 2G-, 3G- ja 4G-verkoissa. Valitettavasti myös eräiden nykyaikaisten älypuhelimien on sallittua säteillä yhtä voimakkaasti kuin nykyaikaisen tablettitietokoneen. Tästä näkökulmasta vaara nykyaikaisen tablettitietokoneen ja nykyaikaisen älypuhelimen suhteen voi olla yhtä suuri.

Esimerkiksi vanhan älypuhelimen säteilyteho voi olla 2 W (2G), 0,25 W (3G), 0,2 W tai 0,25 W (4G). Tablettitietokoneen säteilyteho taas voi olla 5 W (2G), 0,5 W (3G), 0,4 W tai 0,5 W (4G). Jos älypuhelimen säteilyteho on samaa luokkaa kuin nykyaikaisen tablettitietokoneen, meidän pitäisi todeta, että kyse on nykyaikaisesta älypuhelimesta. Joskus sekä älypuhelimen että tablettitietokoneen aloitusoppaasta voi löytää tietoja säteilytehosta.

Tavallisen puhelun aikana vanhan älypuhelimen säteilyteho voi olla 2G-verkossa kuitenkin vain 0,25 W, kun taas tablettitietokoneen vastaava säteilyteho voi olla jopa 0,625 W. Tuskin mikään valmistaja kuitenkaan uskaltaa antaa tablettitietokoneen säteillä puhelun aikana niin voimakkaasti, koska oletetaan, että SAR-arvo (päässä) ei saa olla yli 2 W/kg (jolloin vastaava säteilyteho ei voi ylittää 0,25 W). Sama koskee säteilyä 3G-verkossa tavallisen puhelun aikana. Niinpä tablettitietokoneen säteilyteho tavallisen puhelun aikana voi tuskin olla yli 0,25 W.

Tablettitietokoneen valmistaja antaa usein käyttäjälle rauhoittavia tietoja SAR-arvosta: se ei ylitä 2 W/kg (varmasti näin onkin, jos homogeenisen käyttäjän mallipää soittaa vain tavallisia puheluja). Mobiilidatan avulla soitettavan ilmaisen puhelun aikana säteilyteho voi kuitenkin olla jopa 1,25 W (EDGE- tai GPRS-toiminto), koska tällöin valmistajan ei tarvitse mitata SAR-arvoa. Käyttäjän on muka pakko pitää tablettitietokonetta aina kaukana kehostaan. Käytännössä hän voi kuitenkin pitää sitä ihan kiinni päässään soittaessaan ilmaista puhelua, koska hän on tottunut tapaan matkapuhelimella soittaessaan.

Äärimmäisessä tapauksessa nykyaikaisen tablettitietokoneen todellinen paikallinen SAR-arvo voi siis olla jopa 3 200 W/kg ja vastaavasti lämpötilan nousu 480–800 °C, jos säteilyteho on 1,25 W. Joku voi väittää, että ilmainen puhelu onnistuu hyvin vain 3G-, 4G- tai 5G-verkossa. Näin asia onkin, mutta puhelun aikana käyttäjä voi tietämättään joutua 2G (GSM)-verkkoon (EDGE tai GPRS), jolloin puhelun laatu muuttuu huonoksi. Jos se kestää jonkin aikaa, se voi olla jopa katastrofaalista terveydelle. On myös muita hyvin vaarallisia tapauksia. Vaikka resonanssia ei olisi, paikallinen SAR-arvo voi silti olla 160 W/kg ja vastaava lämpötilan nousu 24–40 °C. Toki myös mahdollinen vaikutus muissa tapauksissa voidaan arvioida erikseen.

On hyvä muistaa, että äärimmäisessä tapauksessa vanhan älypuhelimen todellinen paikallinen SAR-arvo voi olla 1 280 W/kg ja vastaavasti lämpötilan nousu 192–320 °C, jos säteilyteho on 0,5 W.

Näin ollen tablettitietokone voi olla vielä vaarallisempi kuin vanha älypuhelin. Lisäksi nykyaikainen älypuhelin voi siis olla yhtä vaarallinen kuin tablettitietokone. Riskin poistamiseksi kannattaa lukea vielä kerran, miten matkapuhelimen säteilyä voi pienentää.

Suomessa kuluttaja maksaa nykyään mobiilidatasta yleensä vain nopeuden mukaan. Mikäli Suomi kuitenkin seuraa Ruotsin mallia, rajoittamattoman langattoman surffailun kausi voi olla pian ohi ja kuluttajat joutuvat maksamaan langattoman netin käytöstä todellisen tiedonsiirron mukaisesti. Ympäristön ja ihmisen terveyden kannalta se olisikin aivan oikein – langaton tiedonsiirto aiheuttaa terveyshaittoja ja lisäksi rasittaa ympäristöä siinä missä muukin energiaa käyttävä teollisuus (19).

Nokian itsemurha

Vuodesta 2000 vuoteen 2011 Nokian mobiilibisnes oli maailman huipputasolla, mutta sitten se romahti melko nopeasti. Vuonna 2013 bisnes myytiin Microsoftille. Miksi romahdus tuli niin nopeasti? Emme käsittele nyt Nokian lukuisia taloudellisia vaikeuksia emmekä muutoksia johtokunnassa. Kerromme vain muutamasta tärkeästä seikasta, jotta jokin Nokian seuraajista, esimerkiksi HMD Global Oy, voisi toteuttaa tuloksellista toimintaansa Suomessakin (20).

Vuonna 2009 Nokian tutkimuskeskuksesta Englannista kerrottiin, että matkapuhelimeen yritetään keksiä langatonta latauslaitetta, joka keräisi mikroaaltosäteilyä ilmasta. Alusta asti oli selvää, ettei tällaista ratkaisua voi toteuttaa, koska tarvittavan säteilyn voimakkuus ylittäisi sallitun terveysnormin (21).

Lähes samaan aikaan Nokia teki toisenkin virheen, joka oli kenties sen alasajon alku. Nokia teki oudon päätöksen: sen johtohenkilöt kertoivat mediassa ihmisille, että heidän pitää vain puhua ja tekstailla pienellä matkapuhelimella eikä älypuhelimelle ole tarvetta. Näin kerrottiin sekä nuorille, jotka halusivat pelata missä tahansa online, että aikuisille, jotka halusivat keskustella netissä lastenlastensa kanssa. Niin Nokian mobiilibisneksen itsemurha lopulta toteutui.

Myös Nokia tuki voimakkaasti DVB-H-standardin käyttöä matkapuhelimissa. Oli surkeaa katsottavaa, kun suurin matkapuhelimien valmistaja alkoi tukea kilpailematonta ja haitallista standardia, vaikka sen olisi pitänyt tukea vain matkapuhelinverkon käyttöä (ks. Mobiilitelevisio). Se oli siis kolmas virhe.

Neljäs tapaus sattui melko äskettäin. Jos käyttäjä haluaa asentaa älypuhelimeensa sovelluksen, hän yleensä tutkii, onko se mahdollista ja/tai yrittää rohkeasti asentaa sen. Jos kyseessä on hyvin tärkeä sovellus, sen tuen lakkaaminen voi aiheuttaa älypuhelimen käyttäjälle paljon ongelmia. Juuri näin tapahtuikin – Suomen Nordea ilmoitti, että sen tunnuslukusovellus lakkaa toimimasta Windows Phonella 6.11.2018. Täten esimerkiksi Lumian omistaja ei voi enää käyttää Nordean tunnuslukusovellusta. Tuskin älypuhelinvalmistajan maine tämän vuoksi ainakaan kasvaa.

Olisi myös hyvä, jos valmistaja kiinnittäisi enemmän huomiota ihmisten terveyden varjelemiseen ja energian säästämiseen. Esimerkiksi älypuhelinta käytettäessä ulkoantennia varten tarkoitetulla liittimellä voisi helposti vähentää altistumista mikroaaltosäteilylle autoissa ja energiatehokkaissa taloissa.

Säteileekö DECT-puhelin voimakkaasti?

Euroopan parlamentti on huomauttanut, että langattomat kotipuhelimet eli DECT-puhelimet synnyttävät sähkömagneettisia kenttiä, jotka voivat vaikuttaa haitallisesti terveyteen.

Verrataanpa DECT-puhelinta matkapuhelimeen: Matkapuhelin toimii joko 0,9 GHz:n tai 1,8 GHz:n ja DECT-puhelin puolestaan lähes samalla, 1,9 GHz:n taajuusalueella. Tavallisesti DECT-puhelimen keskimääräinen lähetysteho on noin 10,4 mW (22), kun taas hyvässä kentässä matkapuhelimen vastaava luku voi olla paljon pienempi (esim. 2 mW). Toki huonossa kentässä matkapuhelimen keskimääräinen lähetysteho voi olla jopa 250 mW. Täten DECT-puhelimesta tuleva altistus voi olla samaa luokkaa kuin matkapuhelimesta tuleva. Kuitenkin DECT-puhelimen SAR-arvo on julkaistujen mittaustulosten mukaan enimmillään 0,05–0,1 W/kg. Eräiden DECT-puhelinten SAR-arvo on vain 0,035 W/kg, eikä niiden keskimääräinen lähetysteho ylitä 8 mW:a (23).

DECT-järjestelmän tekee vaaralliseksi myös se, että siinä missä matkapuhelimen tukiasema on melko kaukana, DECT-puhelimen tukiasema on kotona ja voi täten vaikuttaa haitallisesti koko perheen terveyteen. Yhden puhelimen DECT-tukiasema lähettää 10,4 mW:n teholla. DECT-tukiaseman lähetysteho riippuu tukiasemaa käyttävien puhelinten määrästä. Lähetysteho on tällöin 10,4 mW kerrottuna puhelinten määrällä. DECT-tukiaseman teoreettinen maksimiteho on 1,25 W. Sellaisen DECT-tukiaseman aiheuttama altistuminen voi olla hyvin suuri, jos käyttäjä on DECT-tukiaseman lähellä. Hakkerit ja muut osaajat tarvitsevat vain tietokoneen ja lisälaitteita (hinta n. 50 €), jotta he saavat tietää, mitä DECT-puhelimessa puhutaan. Suosittelemme siis vaihtamaan DECT-puhelimen tavalliseen lankapuhelimeen. Tanskalainen insinöörilehti kehotti jo vuonna 2007 heittämään DECT-puhelimet roskiin.

---

1. Grell K., etc. ”The Intracranial Distribution of Gliomas in Relation to Exposure From Mobile Phones: Analyses From the INTERPHONE Study.” Am J Epidemiol. 2016 Dec 1;184 (11):818-828. Epub 2016 Nov 3. https://www.ncbi.nlm.nih.gov/pubmed/27810856

2. Ostroumov G. Even rare and short calls can cause glioma. http://www.buergerwelle.de:8080/helma/twoday/bwnews/stories/7722/, 14.12.2016.

3. Ostroumov G., Jansson E. Lyhyetkin kännykkäpuhelut voivat nostaa kasvainriskiä. Aamulehti, 7.01.2017.

4. http://www.cellraid.com

5. Ostroumov G. Free mobile phone call can be very dangerous. http://www.buergerwelle.de:8080/helma/twoday/bwnews/stories/5286/, 22.11.2013.

6. Ostroumov G. 6 reasons of increasing exposure to microwaves from LTE technology. http://www.buergerwelle.de:8080/helma/twoday/bwnews/stories/7429/, 9.6.2016.

7. Tamminen E., Ostroumov G. Lisää säteilyä hinnalla millä hyvänsä? http://turpaduunari.fi/lisaa-sateilya-hinnalla-milla-hyvansa/, 30.6.2016.

8. Ostroumov G. Major scandals related to EMF. http://www.buergerwelle.de:8080/helma/twoday/bwnews/stories/3971/, 27.5.2012.

9. Shilov A. Sirin Labs Solarin Launched: World's First Commercial Smartphone with WiGig. http://www.anandtech.com/show/10399/sirin-labs-solarin-worlds-first-smartphone-with-wigig, 10.6.2016.

10. Matkapuhelinsignaalin voimakkuus satakertaistuu suomalaiskeksinnön ansiosta. https://www.tivi.fi/Kaikki_uutiset/matkapuhelinsignaalin-voimakkuus-satakertaistuu-suomalaiskeksinnon-ansiosta-6697366, 19.1.2018.

11. www.arazi.fr (https://maisonsaine.ca/english/trumping-the-truth-about-cell-phone-induced-cancers.html)

12. Gandhi. Om P. Microwave Emissions From Cell Phones Exceed Safety Limits in Europe and the US When Touching the Body. https://ieeexplore.ieee.org/document/8688629, 11.4. 2019.

13. Schmid G., Kuster N. The discrepancy between maximum in vitro exposure levels and realistic conservative exposure levels of mobile phones operating at 900/1800 MHz. Bioelectromagnetics. 2015 Feb;36(2):133-48. https://www.ncbi.nlm.nih.gov/pubmed/25644546

14. Остроумов Г., Шаворыкин Ю. О собственных частотах неоднородных диэлектрических волноводных резонаторов. Аннотации докладов XX научно-технической и научно-методической конференции. ТРТИ, Таганрог, 1974 г.

15. Курушин А. Вычисление температуры нагрева головы человека при пользовании сотовым телефоном. Журнал радиоэлектроники, 4, 2011.
http://jre.cplire.ru/koi/apr11/2/text.html

16. Sosiaali- ja terveysministeriön asetus ionisoimattoman säteilyn väestölle aiheuttaman altistuksen rajoittamisesta https://www.finlex.fi/fi/laki/alkup/2018/20181045, 22.11.2018.

17. Ostroumov G. Älypuhelin lentotilassa. Sähköpostia, 2017/2.

18. Mobile phone radiation harmful for a cockroach's health: Study. http://www.livemint.com/Science/FB23uu1f8aDb9kM36XdgUL/Mobile-phone-radiation-harmful-for-a-cockroachs-health-Stu.html, 25.12.2017.

19. Ostroumov G., Jansson E. Langattomien verkkojen käytöstä maksettava haittavero. Aamulehti, 17.3.2015.

20. Ostroumov G., Jansson E. Nokian itsemurha. Kurun lehti, 24.1.2019.

21. Ostroumov G. Indirect proof of strong microwave background radiation. http://www.emfacts.com/weblog/?p=1285 , 23.4.2010.

22. Toivonen T. Väestön altistuminen radiotaajuisille kentille Suomessa. https://www.julkari.fi/bitstream/handle/10024/124164/stuk-tr5.pdf?sequence=1, 3.2008.

23. DECT Wireless Safety. http://impulz-lj.si/uploads/impulz2/public/document/12-meritve_sar_sl.pdf , 6.2012.

Luku 5. Tukiasemat

Terveysvaikutuksista puhuttaessa ehkä vain matkapuhelimet mainitaan useammin kuin niiden tukiasemat. Yleensä matkapuhelimien tukiasema säteilee jatkuvasti (24/7). Sen on pakko taata hyvä kenttä ympäristössään, jotta se voisi toteuttaa hyvän yhteyden matkapuhelimiin.

Tukiasemien luokitus

Tukiasemien toimintasäde riippuu monesta tekijästä, muun muassa lähetystehosta:

Tukiaseman tyyppi	Lähetysteho	Toimintasäde	Vaarallinen etäisyys antennista
Makrosolu	jopa yli 100 W	alle 35 km	alle 10 m (1)
Mikrosolu	2–10 W	alle 2000 m	alle 30 cm (1)
Pikosolu	alle 1W	alle 200 m	0 (1)
Femtosolu	alle 100 mW	alle 50 m	0

Femtosoluja muodostuu pääosin rakennuksissa ja huoneissa (wlan, 5G). Myös piilotettuja tukiasemia (antenneja) on olemassa. Maksimaalinen nimellisteho (lähetysteho) GSM 900-tukiasemille on 640 W.

Makrosolun tukiasema.
Lähde: https://pixabay.com/photos/
tower-antennas-telephone-mobile-387026/

Voimakkaan tukiaseman antenni ikkunan vieressä.

Kuvassa on melko voimakas antenni, joka on maalattu samanväriseksi kuin talo. Haitta talon asukkaille on ilmeinen.

Joskus 5G-tukiasemille ehdotetaan seuraavaa luokitusta:

1. Makrosolun 5G-tukiasemalle (Wide Area Base Station) ei ole asetettu lähetystehon rajoitusta. Etäisyys päätelaitteelta on vähintään 35 m. Jokainen maa voi antaa makrosolun 5G-tukiaseman voimakkuudelle oman rajoituksensa. Esimerkiksi Suomi sallii 26 GHz:n taajuusalueella 5G-tukiaseman EIRP:lle 24 dBW/MHz (suunta-antenneilla) ja 8 dBW/MHz (ympärisäteilevillä antenneilla). 3,5 GHz:n taajuusalueella 5G-tukiaseman säteilyteho voi olla enintään 200 W ja antennin vahvistus enintään 24 dB.

2. Mikrosolun 5G-tukiasemalla (Medium Range Base Station) lähetysteho on enintään 6,3 W (38 dBm). Etäisyys päätelaitteelta on vähintään 5 m.

3. Pikosolun 5G-tukiasemalla (Local Area Base Station) lähetysteho on enintään 0,25 W (24 dBm). Etäisyys päätelaitteelta on vähintään 2 m.

Tukiasemakin voi aiheuttaa haittaa ja vaaraa

Todettakoon ensin, että tukiaseman säteily ei pysty tappamaan tervettä ihmistä nopeasti. Tukiaseman sijainti valitaan aina siten, että altistus säteilylle alittaisi raja-arvon. Tukiaseman antennin vieressä oleskeleminen, esimerkiksi auringon ottaminen, voi toki olla hyvin vaarallista. Vaarallinen tilanne voi kehkeytyä myös, jos esimerkiksi katolla sijaitseva tukiaseman antenni on jostakin syystä kallistunut.

Emme voi olla STUK:n kanssa samaa mieltä siitä, että pikosolun tukiasema olisi täysin vaaraton (vaikka totesimmekin STUK:n tietojen mukaisesti, että vaarallinen etäisyys on 0), koska SAR-arvoksi pitäisi kosketuksen tapahtuessa olettaa ainakin noin 8 W/kg.

Olemme eri mieltä STUK:n kanssa myös seuraavista asioista: STUK kirjoitti, että väestön altistuminen tukiasemien kentille on vähäistä (enimmillään noin 0,5 % enimmäisarvosta). Se tarkoittaa sitä, että tehotiheys on 50 000 $\mu W/m^2$ (Suomen nykyinen STM-asetus sallii jopa 10 000 000 $\mu W/m^2$, mikä perustuu vain lyhytaikaiseen vaikutukseen – todellisuudessa säteilyä on kuitenkin jatkuvasti). EN puolestaan suosittaa enimmäistehotiheydeksi vain 100 $\mu W/m^2$.

Mielestämme myös seuraava STUK:n mielipide on väärä: *"Langaton tietoliikenne on kasvanut viime vuosina räjähdysmäisesti. Siitä huolimatta ihmiset eivät altistu merkittävästi tukiasemien kentille. Eri järjestelmien (GSM, 3G, 4G) tukiasemat aiheuttavat samantasoisen altistuksen."* Todellisuudessa ihmiset ovat kuitenkin paljon alttiimpia 4G-tukiasemien kuin 2G- tai 3G-tukiasemien kentille. Se johtuu seuraavista syistä:

1. 4G (LTE)-teknologia käyttää hyvin laajaa taajuuskaistaa (jopa 100 MHz) verrattuna esimerkiksi 2G (GSM)-teknologian käyttämään (0,2 MHz). Mitä laajempi taajuuskaista on, sitä suuremman pitää myös tukiaseman tehotiheyden olla (2, 3).

2. LTE-Advanced (4G) hyödyntää tukiasemia ennennäkemättömällä tavalla: kaksi LTE-tukiasemaa voi palvella yhtä aikaa samaa asiakasta. Etenkin kaupungeissa tarjotaan tällaisia 300 Mbit/s-yhteyksiä. Nopeus perustuu kahden eri taajuusalueen yhtäaikaiseen käyttämiseen – 4G-päätelaite voi käyttää sekä 1 800 MHz:n että 800 MHz:n taajuuksia samanaikaisesti. Tämä tekniikka kulkee nimellä Carrier Aggregation (4). Siinä tapauksessa

säteilykuormitus voi näillä alueilla nousta jopa noin kaksinkertaiseksi lähtötasoon verrattuna.

3. 2 600 MHz:n taajuus läpäisee rakenteita huonommin kuin verrattain matalat taajuudet. Siksi tehotiheyden pitää olla vielä voimakkaampi.

4. Periaatteessa tehotiheyden pitäisi olla 2 600 MHz:n taajuusalueella toimivilla LTE-tukiasemilla voimakkaampi kuin matalammilla taajuuksilla (2G, 3G) toimivilla (3). 5G-tukiasemalla (26 GHz) tehotiheyden pitää olla jopa noin tuhatkertaisesti voimakkaampi kuin 4G-tukiasemalla (800 MHz) olettaen, että päätelaite vaatii samansuuruista radiotaajuista tehoa. Käytännössä se tarkoittaa, että 5G-tukiaseman (26 GHz) pääsäteilykeilassa voi olla hyvin suuri (jopa 80 dBm) EIRP, jolloin oleskelu keilassa voi olla terveydelle haitallista.

5. Aiemmin oli harvinaista, että kaikki operaattorit asensivat lähettimensä samaan mastoon. Nykyisin kaikkien toimijoiden antennit ovat usein samassa pylväässä. Toimenpide alentaa kustannuksia ja parantaa ehkä maisemaa, mutta altistuminen säteilylle maston vieressä kasvaa.

Tukiasemien oikea sijainti ja säätö

Joskus puhutaan, että tukiasemat tulisi sijoittaa kauas herkistä kohteista (esim. kouluista, päiväkodeista ja vanhainkodeista), jotta säteilyaltistus olisi mahdollisimman pieni. Näin asia onkin, jos matkapuhelimien käyttö näissä herkissä kohteissa on kielletty.

Jos ihmiset kuitenkin käyttävät siellä matkapuhelimia, kyseessä on terveyskatastrofi, koska matkapuhelin joutuu aina säteilemään voimakkaasti. Pelkästään yksi toimiva matkapuhelin voi säteillä jopa yli 500 mW eli yhtä voimakkaasti kuin pikosolun tukiasema. On kuitenkin huomattava, että tämä kuviteltu tukiasema (käyttäjän matkapuhelin) voi olla huoneessa, kun taas pikosolun tukiasema on yleensä ulkona. Täten myös terveyshaitta matkapuhelimesta voi olla suurempi kuin pikosolun tukiasemasta. Suosituksemme on siis selvä: jos halutaan sijoittaa kaikki tukiasemat kauas herkistä kohteista, kyseisissä kohteissa tulee kieltää matkapuhelimen käyttö.

Onko kokonaissäteilyaltistusta (tukiasemilta ja matkapuhelimilta) mahdollista pienentää merkittävästi, jos matkapuhelimen käyttö on sallittu? Kysymys on hyvin ajankohtainen. Yksinomaan Espoossa on noin 70 koulua ja päiväkotia, joiden katoilla on antenneja. Esimerkiksi Helsingin Sanomissa on ollut keskustelua asiasta.

Valitettavasti keskusteluun ei ole saatu vastauksia, päinvastoin kaksi professoria (Tapio Ala-Nissilä ja Risto Ilmoniemi) ovat yrittäneet keksiä uutta mikroaaltotekniikkaa selittääkseen tukiasemien turvallisuuden. He eivät sentään olekaan alan ammattilaisia.

STUK:n professorit puolestaan varmasti ovat ammattilaisia. Me kaikki odotimme kuulevamme heiltä totuuden tukiasemista, mutta saimme vain rauhoittavia ja pahimmassa tapauksessa jopa harhaanjohtavia tietoja. Mahdollista vaaraa ei mainittu lainkaan. Mutta STUK kirjoitti jo (1), että vaarallinen etäisyys tukiaseman antennista voi olla jopa 10 m (jos käyttää Suomen nykyistä raja-arvoa). STUK:n professorit suosittelivat käyttäjiä pysymään tukiaseman lähellä, jotta altistusriski olisi mahdollisimman pieni. Se on aika huono ja epätarkka suositus (ks. Luku 4. Matkapuhelimet). Miksi?

Entä mitä tapahtuu, jos tiettyä operaattoria käyttävä lähestyy tukiasemaa, joka kuuluukin toiselle operaattorille?

Hyvin usein käyttäjä saa tukiasemasta vain turhaa lisäaltistusta. Jos käyttäjä taas lähestyy oman operaattorinsa tukiasemaa, hänen ei silloinkaan kannata mennä kovin lähelle. Tukiasema nimittäin säteilee tasolla, joka tekee matkapuhelimen säteilyn mahdollisimman pieneksi. Jos tukiaseman säteily on voimakkaampaa, käyttäjä saa tukiasemasta vain turhaa lisäaltistusta (5).

Mielestämme on mahdollista samanaikaisesti sekä pienentää altistusta matkapuhelimen säteilylle että säätää tukiaseman säteilyä niin, että tukiasemien pitkäaikainen säteily ei ylittäisi EN:n suosittamaa tasoa (tehotiheys 100 µW/m^2). Kokemuksemme mukaan (5) matkapuhelin säteilee vähemmän jo silloin, kun 2G (GSM)- tai 3G (UMTS)-tukiaseman säteily on 0,1–10 µW/m^2. LTE-tukiasemalta (2 600 MHz) tarvitaan ehkä vähän voimakkaampaa säteilyä, mutta käyttäjä ei useinkaan pidä matkapuhelinta aivan kiinni päässään puhelimen säteillessä LTE-verkossa. Oletamme, että järkevä käyttäjä on jo lukenut matkapuhelimista (ks. Luku 4. Matkapuhelimet) ja ymmärtänyt, miksei matkapuhelinta kannata pitää päässään kiinni. LTE-toiminnan tapauksessa matkapuhelin ei välttämättä säteilekään vähemmän. Sama koskee 5G-älypuhelinta (3,5 GHz). Yhden LTE-signaalin taajuuskaista on enintään 20 MHz, mutta LTE-Advanced ja 5G (3,5 GHz) edellyttävät jopa 100 MHz:n taajuuskaistan käyttöä.

Seuraavassa on esitetty toimintasuunnitelma:

1. Kaikkia operaattoreita tulee pyytää osallistumaan yhteistyöhön.

2. Operaattorien pitää säätää tukiasemiensa teho siten, että vastaava matkapuhelin säteilisi vähiten (2G, 3G, 4G, 5G). Tukiasemia ei saa poistaa. Olisi myös hyvä,

jos jokainen operaattori takaisi tarvittavan säteilyn tason.

3. Helpoin tapa mitata kaikkea on Cellraidin sovellusten käyttö (ks. Luku 4. Matkapuhelimet). Operaattori voi asentaa valitulle tukiasemalle (ehkä poikkeuksellisen heikkoa kohdetta varten) hyvin alhaisen säteilytason – kuitenkin niin, että matkapuhelin säteilee vähemmän.

4. Tavoitteena on saada jokaiselta operaattorilta kokonaissäteilyä korkeintaan 10–15 $\mu W/m^2$ ja taata, että matkapuhelimet säteilevät vähemmän.

5. Operaattoreilta kannattaa vaatia, että myöskään tukiasemien LTE-Advanced-säteily ei ylittäisi ehdotettua rajaa. Jos vahva LTE-tukiasema (2 600 MHz) on herkän kohteen lähellä, sisätilaan on vaikeaa saada pieni tehotiheys (1–5 $\mu W/m^2$). Jos lasketaan säteilyn tehotiheys voimakkaalle LTE-tukiasemalle (lähtöteho 40 W, antennin vahvistus 18 dB) etäisyyden ollessa kilometrin, tulokseksi saadaan tehotiheys 200 $\mu W/m^2$. Toimintasäde on tavallisesti noin 1 km, minkä vuoksi ongelmana on joskus saada sisätilaan vain heikko säteilytaso.

Valitettavasti ihmiset voivat altistua uusien 5G-tukiasemien kentille paljon voimakkaammin kuin 4G-tukiasemien kentille, koska tyypillinen 5G-tukiaseman maksimilähtöteho (3,5 GHz) on 200 W ja antennin vahvistus 24 dB.

Vaikka matkapuhelinta käytettäisiinkin suositustemme mukaan pienemmällä säteilyllä (ainakin 2G-, 3G- ja 4G-verkoissa), kannattaa lisäksi pienentää matkapuhelimelle altistusta. Paras tapa on kaiuttimen käyttäminen.

Eräässä tutkimuksessa on osoitettu (6), että mikrobeilla, joita oli maaperässä lähellä tukiasemia, oli suuri antibioottiresistenssi. Jos näin tosiaan on, myös antibioottisen hoidon pitäisi muuttua merkittävästi.

---

1. Matkapuhelinverkon toiminta ja tukiasemat. http://www.stuk.fi/aiheet/matkapuhelimet-ja-tukiasemat/matkapuhelinverkko/matkapuhelinverkon-toiminta-ja-tukiasemat

2. Lisää säteilyä hinnalla millä hyvänsä? Tamminen E., Ostroumov G. http://turpaduunari.fi/lisaa-sateilya-hinnalla-milla-hyvansa/, 30.6.2016.

3. Ostroumov G. 6 reasons of increasing exposure to microwaves from LTE technology. http://www.buergerwelle.de:8080/helma/twoday/bwnews/stories/7429/, 9.6.2016.

4. Leskinen J. Yhteisverkko tuo nopeat 4g-yhteydet pohjois- ja itä-suomeen. https://suomimobiili.fi/yhteisverkko-tuo-nopeat-4g-yhteydet-pohjois-ja-ita-suomeen/ , 30.3.2015.

5. Ostroumov G. How could we fight against dangerous base stations? http://www.buergerwelle.de:8080/helma/twoday/bwnews/stories/4939/, 21.6.2013.

6. Sharma A. and all. Effect of Mobile Tower Radiation on Microbial Diversity in Soil and Antibiotic Resistance. https://ieeexplore.ieee.org/document/8665432 , 14.3.2019.

Luku 6. Wlan (wifi)

Wlan (Wireless Local Area Network) on langaton lähiverkkotekniikka, jolla erilaiset verkkolaitteet voidaan yhdistää ilman kaapeleita. Wlan-tuotteista käytetään usein kaupallista nimitystä Wi-Fi, arkisessa muodossaan wifi. Maailmassa noin miljardi ihmistä altistuu wlanin säteilylle, minkä seurauksena on syntynyt lukemattomia kirjoituksia wlanin terveyshaitoista. European Economic and Social Committee (EESC) on korostanut, että wifireitittimet tuottavat sisätiloihin mikroaaltoja jatkuvasti ja siksi säteilyn haitoista pitää keskustella.

Voiko wlan aiheuttaa ihmisille haittaa tai vaaraa?

STUK on kirjoittanut tästä asiasta ainakin kolme kertaa:

1. Teoreettinen maksimi teholla 100 mW lähettävän ja kehossa kiinni olevan wlan-laitteen aiheuttamalle altistumiselle on noin 1 W/kg (SAR). Tyypillisesti altistuminen on kuitenkin vain kymmenes- tai sadasosa tästä, koska wifilaitteiden antennit eivät yleensä ole käytettäessä aivan kiinni kehossa.

2. Langattoman verkon tukiasema lähettää mikroaaltoja hyvin pienellä teholla. Metrin etäisyydellä tukiasemasta tehotiheys on noin kahdestuhannesosa ja 5 m:n etäisyydellä noin kymmenestuhannesosa väestön altistumisen enimmäisarvosta. Kannettavan tietokoneen aiheuttama altistuminen on arviolta viidesosa väestön altistumisen enimmäisarvosta. Langattoman lähiverkon ja kannettavan tietokoneen wlan-portin aiheuttamasta mikroaaltosäteilystä ei siis ole terveydellistä haittaa.

3. Vuonna 2015 STUK lisäsi, että taajuuksilla 5,15–5,35 GHz suurin sallittu lähetysteho on 200 mW.

Ensimmäisessä tapauksessa STUK antoi wlan-laitteista melko luotettavia tietoja, vaikka nekin ovat hieman puutteellisia. Toisessa tapauksessa STUK antoi muka ajankohtaisia tietoja, mutta todellisuudessa ne ovat teknisesti virheellisiä. Vaikka he kirjoittivatkin rohkeasti *"ei siis ole terveydellistä haittaa"*, se on parhaassakin tapauksessa vain toivoa ja uskoa. Todellinen tilanne voi olla ihan toinen ja joskus hyvinkin vaarallinen. Kolmannessa tapauksessa Säteilyturvakeskus ei puhunut lainkaan altistumisen enimmäisarvosta, vaikka se olisi nyt 2 W/kg (maksimiteho oli ennen 100 mW ja SAR 1 W/kg; nyt vastaavat luvut ovat 200 mW ja 2 W/kg). Outoa.

Haluaisimme, että wlan-laitteet olisivat haitattomia ja vaarattomia (1–3). Juuri sen takia annamme kattavampia tietoja wlan-säteilystä ja tavoista pienentää sitä. Ihmisille pitää kertoa ensisijaisesti (jos STUK ei tee sitä), että wlan-laitteen mikroaaltosäteily voi johtavan (metallisen) pinnan vieressä nousta jopa nelinkertaiseksi (4). Tällöin todellinen altistuminen wlan-säteilylle voi saavuttaa noin 4 W/kg:n rajan, vaikka sallittu raja on Suomessa vain 2 W/kg.

Tämän lisäksi wlan-laitteiden sallitaan Suomessa säteillä enemmän 5 GHz-taajuusalueella kuin 2,4 GHz-taajuusalueella. Näin taajuusalueella 5,15–5,35 GHz säteilyteho voi olla 200 mW ja taajuusalueella 5,47–5,725 GHz jopa 1 W. Todellinen altistus voi siis vastaavasti olla noin 8 W/kg tai jopa noin 40 W/kg. Jos tapahtuu resonanssia, altistus nousee vielä 20-kertaiseksi. Tällöin paikallinen SAR-arvo voi olla 160 W/kg tai 800 W/kg.

Tämä tarkoittaa sitä, että vastaava altistus on hengenvaarallinen, koska lämpötila ihmisen sisällä voi nousta niin korkeaksi, että ihminen voi kuolla nopeasti. Jos ihminen pitää wlan-laitetta kiinni kehossaan ja lähellä on metallinen pinta, hän pelaa venäläistä rulettia – useimmiten hän jää eloon mutta voi kuolla joskus hyvinkin nopeasti. Suomessa myydään jo hyvin voimakkaita wlan-laitteita (5 GHz-taajuusalue) ulkokäyttöön. Niiden toiminta muistuttaa radiolinkkien toimintaa, koska periaatteessa ne toimivat pisteestä pisteeseen (Point-to-Point). Käytännössä ne ovat monelle ihmiselle vielä haitallisempia kuin radiolinkit, koska ne sijoitetaan lähes aina verrattain matalalle.

Kun annoimme yllä olevan altistusarvioinnin (160–800 W/kg), wlan-laitteessa oletettiin käytettävän yksinkertaista antennia, jossa on pieni vahvistus (n. 2 dB). Käyttäjä pystyy kuitenkin laittamaan wlan-laitteeseen myös lautasantennin, jossa on suuri vahvistus (n. 30 dB). Tällöin säteily on antennin pääsäteilykeilassa erittäin voimakasta (ks. Pitkän toimintasäteen wlan). Tässä esimerkissä antennin säteily voi olla vaarallista myös muille ihmisille, jotka osuvat pääsäteilykeilaan. Mielestämme esimerkkimme mukainen toiminta pitäisi selvästi kieltää.

Vaikka wlan-laitteet voivat säteillä Suomessa 2,4 GHz-taajuusalueella virallisesti enintään 100 mW, esimerkiksi Boliviassa virallinen säteilyteho voi olla paljon suurempi. Lisäksi netistä voi ostaa erilaisia wlan-laitteita, jotka voivat säteillä 1–2 W, ja suunnattuja antenneja 2,4 GHz-taajuusalueella. Suomessa ei varmaankaan saa virallisesti käyttää sellaisia laitteita, mutta miten on todellisuudessa? Varmasti löytyy sellaisia tapauksia, joissa niitä käytetään ainakin tahattomasti, jotta saadaan nopea, ilmainen pääsy internetiin jopa yli 20 km:n etäisyydellä. Vastaava wlan-säteily voi aiheuttaa terveyshaittoja sekä käyttäjälle että monelle muulle ihmiselle, joka osuu säteilykeilaan.

Täten yleinen suosituksemme on: älä koskaan pidä wlan-laitetta kiinni kehossa äläkä metallisen pinnan vieressä ja käytä vain sellaisia wlan-laitteita (2,4 GHz-taajuusalueella), joita myydään virallisesti Eurooppaan.

Suosittelisimme myös käyttämään langallista USB-hiirtä ja ulkoista USB-näppäimistöä, koska sillä tavalla voidaan vähentää sekä magneettikenttien että mikroaaltosäteilyn terveyshaittoja (2). Esimerkiksi jos kannettavaan tietokoneeseen (Presario CQ57) kiinnitetään USB-hiiri (Targus) ja USB-multimedianäppäimistö (G15) ja ne sijoitetaan yli 15 cm:n päähän kannettavasta tietokoneesta, matalataajuisten magneettikenttien magneettivuon tiheys ei ylitä 0,03 µT (taustakenttä on monessa kodissa samansuuruinen). Tietysti ihmisen kannattaa asettua (kädet mukaan lukien) ainakin yli 90 cm:n päähän antennista, jotta sähkömagneettisten kenttien tehotiheys olisi enintään 1000 µW/m^2. Yllä mainitut USB-laitteet auttavat siinä.

Kotiverkon toteuttaminen

Kun puhutaan wlan-haitoista, katse kääntyy useimmiten kotiverkkoon, joka yksinkertaistaen koostuu reitittimestä ja päätelaitteista. Muutama päätelaite (esim. pöytätietokone) kiinnitetään reitittimeen langallisesti, esimerkiksi Ethernet-kaapelin kautta. Muut päätelaitteet (esim. kannettava tietokone, tablettitietokone ja älypuhelin) kommunikoivat reitittimen kanssa langattomasti wlan-säteilyn avulla, ja niitä kutsutaankin wlan-päätelaitteiksi.

Joskus sanotaan, että reitittimeen kuuluu wlan-tukiasema, ja juuri tämä wlan-tukiasema kommunikoi langattomasti wlan-päätelaitteiden kanssa. Toki reititinkin on wlan-laite, ja se myös vastaanottaa ja lähettää signaaleja (dataa) langallisesti (esim. kaapeliverkon ja kaapelimodeemin kautta) tai langattomasti (esim. 3G-, 4G- tai 5G-verkon kautta). Joskus reititin on yksittäinen laite (sitä kutsutaan usein mobiilireitittimeksi tai matkamokkulaksi), jossa on sisäänrakennettuna lähes kaikki. Mutta joskus reititin koostuu erilaisista yksittäisistä 2G-, 3G-, 4G- ja 5G-laitteista sekä wlan-laitteista. Reititin voi siis tuottaa sekä matkapuhelinverkkojen säteilyä että wlan-säteilyä.

Suomessa reititintä kutsutaan usein myös wlan-tukiasemaksi, mobiilireitittimeksi, kotimokkulaksi, matkamokkulaksi, mokkulaksi, modeemiksi ja verkkosovittimeksi. Esimerkiksi MF910-reititintä kutsutaan eri nimillä operaattorista riippuen:

DNA – mokkula ja matkamokkula

Telia – reititin ja mobiilireititin

Elisa – mobiilireititin.

Kerrostaloissa ja rivitaloissa voi syntyä terveyden näkökulmasta hankalia tilanteita, koska naapuriasunnoissa voi olla paljon reitittimiä, jotka säteilevät jatkuvasti. Joskus wlan-päätelaitteesi voi näyttää naapureiden reitittimiä ja karkeasti arvioida myös niiden säteilyä asunnossasi. Joskus asuntosi vieressä voi olla voimakas, näkymätön reititin. Reitittimen huono puoli on se, että reititin voi säteillä wlan-taajuusalueella jopa ilman verkosta tulevaa signaalia, jos virta on päällä.

Kotkalaisesta kerrostalosta (45 asuntoa, etäisyys viereiseen kerrostaloon noin 50 m) voi löytää jopa 20 avointa kotiverkkoa pelkästään 2,4 GHz-taajuusalueella. Samanaikaisesti siellä siis toimii ainakin 20 reitittimen wlan-lähetintä. Lisäksi jokainen reititin voi palvella montaa wlan-päätelaitetta, jolloin säteilevien lähettimien määrä voi nousta moninkertaisesti. Säteilykuormitusta saadaan myös 5 GHz-taajuusalueen wlan-laitteista.

Mielestämme wlan-säteily kannattaa tarkastaa aika ajoin mittarin avulla, erityisesti jos asuu kerros- tai rivitalossa ja/tai lähellä on muita taloja. Älypuhelimeen kannattaa asentaa esim. ElectroSmart-sovellus. Sen avulla voi nähdä toimivia verkkoja (wlan, Bluetooth ja matkapuhelimien verkkoja). Usein oman wlan-verkon teho voi olla heikompi kuin naapurin. Siinä tapauksessa kannattaa ryhtyä toimenpiteisiin esimerkiksi keskustelemalla naapurin kanssa, etsimällä paremman oleskelupaikan tai suojaamalla oman asuntonsa.

Olemme sitä mieltä, että kotiverkko kannattaa rakentaa langalliseksi, jos se vain on mahdollista. Muutoin on hyvin vaikeaa ja joskus mahdotontakin taata EN:n mikroaaltosäteilyyn liittyvien suositusten toteutuminen. Ensisijaisesti asia koskee juuri wlan-säteilyä, koska et pysty olemaan kaukana kaikista säteilevistä wlan-laitteista (niitä voi olla kodissasi monessa paikassa).

Terveyden näkökulmasta on hyvä, jos ulkoverkon signaali tulee reitittimelle ja lähtee siltä ainoastaan langallisesti. Optinen kaapeli ja koaksiaalinen kaapeli eivät anna säteilylle mahdollisuutta vuotaa ympäristöön. Jos kotona on Ethernet-yhteys, kannattaa valita suojattu Ethernet-kaapeli (esim. S/UTP tai S/STP), koska säteilyä ei vuoda ympäristöön myöskään siinä tapauksessa. PLC

(Power Line Communication)-tekniikkaa ei kuitenkaan kannata käyttää, koska kodin sähköverkosta voi vuotaa vahvoja korkeataajuisia kenttiä (likaista säteilyä).

Jos kuitenkin joudut käyttämään langattomia ulkoisia verkkoja (esim. 5G, 4G, 3G, 2G), sijoita sellaisen reititin kauas (esim. 10 m:n päähän) oleskelupaikoista. On tärkeää, että juuri säteilevä 5G-, 4G-, 3G- tai 2G-laite (esim. säteilevä antenni) on kaukana – muut reitittimen laitteet (osat) voivat olla lähempänä. On myös ymmärrettävä ja sanottava rehellisesti, että kodissasi on tällöin voimakkaasti säteilevä laite, jonka säteilyteho voi olla jopa yli 2 W.

Jos internet toimii hyvin hitaasti (esim. video latautuu huonosti), on hyvin mahdollista, että toiminta tapahtuu 2G-verkossa ja säteily on voimakasta. Voit tarkastaa nopeuden esimerkiksi speedtest.netin avulla. Jos vastaanottonopeus matkapuhelinverkossa ei ylitä 236 kbit/s, laite saattaa säteillä voimakkaasti. Esimerkiksi kesämökilläsi voi olla vain heikko 2G-kenttä (tällöin 5G-, 4G- ja 3G-kentät eivät riitä toimintaan). Siinä tapauksessa sinun reitittimesi alkaa heti toimia siellä 2G-verkossa (esimerkiksi EDGE- tai GPRS-tekniikalla) suurella säteilyteholla (3). Huomaat ehkä, että yksinkertaisetkin internetsivut latautuvat hitaasti. Emme suosittele sellaista käyttöä lainkaan. Reititin tai sen säteilevä osa (esim. antenni) säteilee usein vähiten ikkunan vieressä. Lisäksi säteilyä voi pienentää käyttämällä suojakilpeä. Se vaatii kuitenkin ammattilaista.

Sulje tarpeeton wlan

Jos päätät rakentaa internetverkkosi kokonaan langalliseksi, suosittelemme, että suljet reitittimestä wlan-toiminnon. Joissakin reitittimissä (esim. Netgear WNDR-3700, Draytek Vigor Fly 200, D-Link DSL-2640U, Zyxel Keenetic) on painike, joka lopettaa wlan-säteilyn. Valitettavasti kovin monessa nykyaikaisessa reitittimessä ei kuitenkaan ole vastaavaa painiketta, jolloin wlan-toiminnon voi sulkea vain web-selaimen avulla. Konkreettinen tapa riippuu reitittimen mallista, joten kannattaa kysyä neuvoa ammattilaiselta tai etsiä tieto internetistä. Toistamme vielä kerran: on hyvin tärkeää sulkea wlan-toiminto reitittimestä, koska tehdasasetusten mukaan wlan-säteily on päällä jatkuvasti.

Vaikka wlan-säteilyä vuotaa wlan-päätelaiteesta vain hetken aikaa, kun laite kytketään päälle (jos et ole vielä sulkenut wlan-toimintoa), wlan-toiminto kannattaa sulkea myös päätelaitteista. Bonuksena säästät energiaa. Tavallisesti sulkeminen on melko helppoa (ks. laitteen ohjekirja).

Kytke kaikki päätelaitteet reitittimeen esimerkiksi Ethernet-kaapelin avulla. Kytke reititin esimerkiksi televisiopistorasiaan vaikkapa Ethernet-kaapelin ja kaapelimodeemin kautta. Näin saat haitattoman langallisen kotiverkon.

Käytä pienintä säteilytehoa

Jos kuitenkin joudut rakentamaan kotiverkon langattomaksi (vaikka emme suosittele sitä), wlan-laitteita kannattaa käyttää mahdollisimman pienellä teholla. Miten sen voisi käytännössä toteuttaa? Ota huomioon, että juuri reititin tuottaa wlan-säteilyä jatkuvasti, ja usein juuri tämä säteily on kotiverkkosi voimakkainta. Tässä luvussa ei puhuta ulkoisista signaaleista olettaen, että niitä tulee reitittimeen langattomasti tai langallisesti.

Kuten tässä kirjassa on koko ajan punaisena lankana, haluamme ensisijaisesti, että ihmisten terveys säilyy. Tietysti meille on tärkeää myös, että ihmisillä on mahdollisuus käyttää langatonta tekniikkaa ilman merkittäviä rajoituksia. Myös energian säästäminen kuuluu usein suosituksiimme. Jotta säteilyaltistus olisi mahdollisimman pientä, niin suosittelemme seuraavaa:

Valitse reititin, joka toimii vain 2,4 GHz-taajuusalueella. Valitse malli, jossa on irrotettava wlan-antenni ja mahdollisuus säätää säteilytehoa (valitettavasti on myös malleja, joissa säteilytehoa ei voi säätää ja se on siten aina suuri). On olemassa reititin (Zyxel Keenetic), jossa voit (web-selaimen avulla) valita jopa vain kolme prosenttia maksimaalisesta säteilytehosta, joka tehdasasetuksissa on sata prosenttia.

Voit myös kokeilla säteilytehon pienentämistä irrottamalla antennin, jos valmistaja ei kiellä sitä. Siinä tapauksessa tehoa ei tarvitse pienentää web-selaimen avulla, koska säteilyteho ei ilman antennia ylitä yhtä prosenttia. Tietysti sinun pitää myös tarkastaa, toimiiko verkko hyvin kaikkialla kodissasi (esim. miten video latautuu wlan-päätelaitteissa ja ovatko nopeudet hyvät).

Eräässä asunnossa oli kotiverkko, jossa asunnon keskellä sijaitseva reititin DIR-600 oli liitetty langallisesti televisiopistorasiaan televisiokaapelin, kaapelimodeemin ja Ethernet-kaapelin kautta. Reititin oli kiinnitetty langallisesti myös pöytätietokoneeseen Ethernet-kaapelin avulla. Lisäksi reititin oli liitetty wlan-säteilyn avulla langattomasti kannettavaan tietokoneeseen Presario CQ 57 ja älypuhelimeen JY139 (H3000+).

Kannettava tietokone toimi hyvin kaikkialla asunnossa (etäisyys oli jopa 10 m), jos reitittimenä toimi DIR-600 ilman antennia. Tuossa tapauksessa tehotiheys metrin etäisyydellä reitittimestä ei ylittänyt 1 $\mu W/m^2$, joka on varmasti siedettävä säteilymäärä jopa monelle sähköyliherkälle. Valitettavasti älypuhelin ei kuitenkaan toiminut hyvin, jos etäisyys reitittimestä ylitti 2 m. Siksi reitittimeen kiinnitettiin antenni ja säteilytehoa pienennettiin 12,5 prosenttiin. Tällöin sekä kannettava tietokone että älypuhelin toimivat hyvin kaikkialla asunnossa. Tehotiheys metrin etäisyydellä reitittimestä ei ylittänyt 1 000 $\mu W/m^2$. Jos säteilyteho olisi ollut sata prosenttia (tehdasasetus), etäisyyden reitittimestä olisi pitänyt olla yli 2,9 m. Se olisi tuskin sopinut asukkaille.

Säteilytehoa voi pienentää myös siten, että valitsee manuaalisesti ensimmäisen tai viimeisen wlan-kanavan. Niillä säteilyteho on vain puolet siitä kuin keskikanavilla.

Suosittelemme kannettavissa tietokoneissa myös tehon asettamista mahdollisimman pienelle tasolle (Presario CQ 57:lle hyvä taso on 25 %; tehotiheys pienenee neljäsosaan). Säteilyä kannattaa joka tapauksessa ratkaisevasti pienentää (lue asiasta lisää jäljempänä). Usein sanotaan, että wlan-päätelaite säteilee yleensä vain lyhyen ajan ja aiheuttaa siten vähemmän haittaa kuin reititin. Näin asia usein onkin.

On mielenkiintoista, että mainitsemassamme tietokoneessa on tehonsäätömahdollisuus, vaikka se ei olekaan kovin tehokas (25–100 %), kun taas ”paremmassa” kannettavassa tietokoneessa, Acer Aspire 7560G:ssä, ei ole tehonsäätöä lainkaan.

Monessa kannettavassa tietokoneessa on sisäänrakennettuina sekä wlan-antenni että wlan-verkkosovitin (Wi-Fi-Adapter). Tällöin käyttäjä joutuu olemaan melko lähellä (n. 1 m) säteileviä laitteita ja säteilyaltistus voi olla suurta. Voit kuitenkin aina zoomata tietokoneen näyttöä suuremmaksi ja siirtyä itse vähän kauemmaksi tietokoneesta. Näin säteilyaltistuksesi pienenee. Voit pienentää säteilyä ratkaisevasti myös muulla tavoin: Sulje tietokoneen wlan (kytke sisäänrakennettu wlan-verkkosovitin pois päältä). Kytke USB-porttiin suoraan tai kaapelin avulla ulkoinen wlan-verkkosovitin ja ulkoinen wlan-antenni.

Ulkoinen wlan-verkkosovitin, jossa on korkeataajuinen liitin wlan-antennia varten.

Ulkoiset wlan-antennit.

Wlan-verkkosovittimen ja wlan-antennin yhteishinta verkkokaupassa on kolmen euron luokkaa, mutta kaapelin hinta voi olla korkeampi.

Periaatteena on, että säteilevä laite (wlan-antenni tai wlan-verkkosovitin, jossa on sisäänrakennettu antenni) siirretään kauas käyttäjästä (esim. 3–5 m:n etäisyydelle) kaapelin (tai kaapeleiden) avulla. Lisäksi käyttäjän altistus säteilylle pienenee, jos säteilevä laite sijoitetaan esimerkiksi metallisen suojan taakse.

Wlan-antennin voi ongelmitta kiinnittää verkkosovittimeen pitkähköllä (esim. 6 m) korkeataajuisella kaapelilla tai pitkällä USB-kaapelilla. Aktiivinen USB-jatkokaapeli auttaa käyttäjää siirtämään säteilevän wlan-laitteen jopa 100 m:n etäisyydelle. Tuolla menetelmällä käyttäjän altistus kannettavan tietokoneen säteilylle voi olla jopa vähemmän kuin 10 $\mu W/m^2$, joka on siedettävä taso monelle ihmiselle. Antennia ei koskaan saa sijoittaa toisen ihmisen viereen.

Joku voisi sanoa, että olisi parempi kytkeä kannettava tietokone reitittimeen langallisesti Ethernet-kaapelin avulla, ja me olemme samaa mieltä tuon ihmisen kanssa. Mutta miten toimia, jos ei ole mahdollisuutta tehdä niin (esim. talojen rappukäytävät ovat erilaisia ja samaan sisäverkkoon pitää ehkä yhdistää useita eri asuntoja)?

Voit aina lisätä USB-portteja tietokoneeseen käyttämällä USB-jakajaa (5).

Mielestämme matkapuhelimen wlan-tehoa ei kannata yrittää säätää. Älypuhelimella on wlanin tehonsäätö, ja jos wlan-kenttä on hyvä, älypuhelin säteilee wlan-taajuusalueella heikosti (tehotiheys metrin etäisyydellä älypuhelimesta ei ylitä 1 000 $\mu W/m^2$). Jos wlan-kenttä reitittimestä on hyvin huono (esim. asunnon ulkopuolella), tehotiheys metrin etäisyydellä älypuhelimesta on yli 2 000 µW/m^2. Siinä tapauksessa yhteys on huono – älä käytä älypuhelinta wlan-päätelaitteena!

Vähän säteilevä langaton kotiverkko

Toinen kotiverkko on rakennettu kokonaan langattomasti. Päämääränä oli rakentaa sellainen langaton kotiverkko, jossa sekä pöytätietokoneen käyttäjän että kannettavan tietokoneen käyttäjän altistus kotiverkon säteilylle olisi pieni (tavoitetehotiheys enintään 100 µW/m^2). Käytössä oli edellä mainittuja laitteita ja Huawei E5776-reititin. Suosituksemme mukaan sekä pöytätietokoneeseen että kannettavaan tietokoneeseen kytkettiin ulkoinen verkkosovitin.

Usein pöytätietokoneessa ei ole wlan-verkkosovitinta, jolloin ulkoisen wlan-verkkosovittimen voi kytkeä siihen USB-liittimen kautta. Joskus tarvitaan myös tietyn ohjelman asentamista.

Reitittimessä oli USB-liitin, mutta asuntoon oli melko hankalaa viritellä pitkää USB-kaapelia. Siksi käytettiin vain langatonta yhteyttä wlan-säteilyn avulla. Valitettavasti kyseisessä reitittimessä ei pysty säätämään wlan-tehoa. Jotta reitittimen wlan-teho (ja samalla 4G-teho) pienenisivät, kilpenä käytettiin johtavaa kangasta.

Myöskään ulkoisen verkkosovittimen säteilevää wlan-tehoa ei voinut säätää (pienentää). Sen takia verkkosovitin kytkettiin molemmissa tapauksissa vastaavaan ulkoantenniin ohuen, korkeataajuisen kaapelin kautta. Näin onnistuttiin pienentämään säteilytehoa noin kymmenesosaan ja samanaikaisesti siirtämään säteilevä ulkoantenni noin 3 m:n etäisyydelle kannettavan tietokoneen käyttäjästä.

Olisi ollut myös mahdollista käyttää lyhyttä kaapelia, jos olisi ensin sijoittanut suojakilven näytön taakse ja sen jälkeen ulkoantennin. Siinä tapauksessa ulkoantennin olisi pitänyt olla suojakilven ja reitittimen välissä. Tätä mahdollisuutta ei kuitenkaan käytetty kotiverkossa. Pöytätietokoneen tapauksessa kaapelin pituus oli jopa 6 m (säteilyteho pienenee noin sadasosaan), ja ulkoantenni kiinnitettiin keskusyksikköön (metallisen seinän taakse, noin 1 m:n etäisyydelle pöytätietokoneen käyttäjästä). Molemmissa tapauksissa käyttäjän etäisyys reitittimestä oli noin 8,5 m (pöytätietokoneelta suora näkyvyys reitittimeen, kannettavan tietokoneen käyttäjän paikka seinän takana).

Vaikka kotiverkon kaikilta laitteilta säteilevä wlan-teho pieneni merkittävästi, molemmat tietokoneet osoittivat, että wlan-kenttä oli hyvä tai melko hyvä ja internet toimi hyvin. Reititin sijoitettiin ikkunan viereen, jossa 4G-kenttä oli koko ajan hyvä tai erinomainen. Täten reitittimen 4G-säteilyteho oli heikko. Kannattaa kuitenkin aina muistaa, että reititin voi toimia suurella teholla esimerkiksi EDGE-järjestelmässä vaikkapa silloin, jos 4G-tukiasema menee rikki. Toimintaluvan voisi varmuuden vuoksi antaa vain 4G-verkolle (web-selaimen avulla). Siinä on kuitenkin se riski, että jos 4G-verkon käyttö ei jostakin syystä olekaan mahdollista, käyttäjä ei pääse lainkaan internetiin.

Alla olevassa taulukossa on mittaustuloksiamme. Älypuhelin ei ollut mittausten aikana käytössä. Mittasimme tehotiheydet langattoman kotiverkon laitteilta (wlan- ja 4G-säteilyn taajuuskaista 20 MHz) ja voimakkailta ulkoisilta pitkäaikaisilta lähteiltä. Tehotiheyksien arvot ulkoisilta lähteiltä voivat muuttua merkittävästikin esimerkiksi ulkoisten tukiasemien kuormituksen muuttuessa, kun taas tehotiheyksien arvot kotiverkon laitteilta eivät muutu juuri lainkaan.

Tehotiheydet mittauspisteissä, µW/m2

	M(P)	M(K)
R(W)	5,7	2
R(4G)	1,7	0,30
P(W)	10,1	4
K(W)	2	5,4
D(4G)	10,2	8,6
S(4G)	1,9	4,6
E(4G)	4	1,2
GSM	4,6	3,2
N(W)	1,3	0,7

Merkkien selitys:

M(P)=*mittauspiste pöytätietokoneen käyttäjän paikalla*

M(K)=*mittauspiste kannettavan tietokoneen käyttäjän paikalla*

R(W)=*tehotiheys reitittimeltä wlan-taajuusalueella*

R(4G)=*tehotiheys reitittimeltä 4G-taajuusalueella*

P(W)=*tehotiheys pöytätietokoneen antennilta wlan-taajuusalueella*

K(W)=*tehotiheys kannettavan tietokoneen antennilta wlan-taajuusalueella*

D(4G)=*tehotiheys ulkoiselta DNA-tukiasemalta 4G-taajuusalueella*

S(4G)= *tehotiheys ulkoiselta Telia-tukiasemalta 4G-taajuusalueella*

E(4G)=*tehotiheys ulkoiselta Elisa-tukiasemalta 4G-taajuusalueella*

GSM=*tehotiheys ulkoiselta GSM (900 MHz)-tukiasemalta*

N(W)=*tehotiheys naapurin reitittimeltä wlan-taajuusalueella.*

Karkeasti arvioiden kokonaisaltistuminen mittauspisteessä M(P) oli 36,8 μW/m^2 (13,8 μW/m^2 kotiverkosta, 23 μW/m^2 ulkoisista lähteistä) ja mittauspisteessä M(K) puolestaan 28 μW/m^2 (9,7 μW/m^2 kotiverkosta, 18,3 μW/m^2 ulkoisista lähteistä).

Käyttäjän työpaikalla säteily taajuusalueella 10–3 000 MHz oli siis melko heikkoa. Toki muualta asunnosta löytyi myös voimakkaampaa säteilyä. Tehotiheys ei kuitenkaan ylittänyt 1 000 μW/m^2 metrin etäisyydellä mistään säteilevästä laitteesta. On mielenkiintoista, että voimakkain (jatkuva) säteily tuli 4G-tukiasemilta, kun taas aiemmin voimakkain säteily oli tullut GSM-tukiasemilta. Kaupungeissa se on yleinen ilmiö, koska 4G-mobiiliyhteys (2,6 GHz) vaatii tukiasemilta usein enemmän tehoa kuin 2G (GSM)- ja 3G-mobiiliyhteydet. Kaupungeissa säteilykuormitus siis nousee tuntuvasti (6–8).

Vinkkejä wlanin käytöstä koulussa

Kouluihinkin pitäisi tietysti rakentaa langallisia verkkoja. Mutta jos koulu joutuu rakentamaan langattoman wlanverkon, sen tulee ottaa huomioon kaikki, mitä olemme kirjoittaneet, ja lisäksi seuraavat asiat:

1. Luokkahuoneessa reititin kannattaa sijoittaa ainakin 3,6 m:n (säteilyteho 100 mW) tai jopa 5 m:n (säteilyteho 200 mW) etäisyydelle ihmisistä, jotta tehotiheys ei ylittäisi 1 000 μW/m^2 pahimmassakaan tapauksessa (kun reititin säteilee eniten).

2. Reititin kannattaa sijoittaa siten, että se "näkee" aina kaikki päätelaitteet. Se kannattaakin kiinnittää esimerkiksi luokan etuseinän yläosaan (ei takaseinään). Älä muuta reitittimen käyttöasentoa (antennin polarisaatiota).

3. Reitittimeen kannattaa valita mahdollisimman pieni lähtöteho web-selaimen kautta. Toki wlan-toiminta pitää myös tarkastaa kaikkialla luokassa. Päätelaite näyttää wlan-kentän, jonka pitää olla erinomainen tai hyvä, ja speedtest.net näyttää nopeudet. Jos esimerkiksi tehon pienentäminen kymmenesosaan onnistuu, tehotiheys reitittimeltä ei ylitä 100 $\mu W/m^2$. Riippumattomien tiedemiesten Bioinitiative-työryhmä suosittelee enintään 6 $\mu W/m^2$:n tehotiheyttä (9).

4. Wlan-päätelaitteiden valinta koululaisille on tärkeää. Emme suosittele kannettavaa tietokonetta, koska sen säteilytehon merkittävä pienentäminen on yleensä vaikeaa.

Sen sijaan suosittelemme älypuhelinta tai tablettitietokonetta tehonsäädön kanssa. Siinä tapauksessa tehotiheys päätelaiteelta ei ylitä 100–1 000 $\mu W/m^2$ (hyvässä kentässä), jos sen etäisyys kehosta on vähintään 40 cm. Toki opettajan täytyy kertoa koululaisille, että päätelaitetta ei saa pitää kehossa kiinni eikä sitä saa käyttää luokkahuoneen ulkopuolella (wlan-kenttä reitittimeltä voi olla siellä huono), koska silloin päätelaitteelta tuleva säteily muuttuu haitalliseksi.

Voi siis joskus olla mahdollista rakentaa kotiverkko langattomaksi niin, että säteilyaltistus ei ylitä EN:n suosittelemaa rajaa.

Täytyy olla hyvin tarkkana, jotta säteily ei aiheuta ihmisille haittoja eikä vaaroja. Jos kotiverkkoa ei käytetä, suosittelemme kaikkien laitteiden kytkemistä pois päältä (10).

Kaikkein tärkeintä on reitittimen sulkeminen. Jos taas unohtaa sulkea wlanin matkapuhelimestaan, se ei ole niin vaarallista, koska wlan ei säteile (vain vastaanottaa signaaleja). Jos ihminen on sähköyliherkkä radiotaajuiselle säteilylle, suosittelemme koko verkon rakentamista langalliseksi. Sähköyliherkkä ihminen voi varmaankin tulevaisuudessa käyttää kodissaan myös haitatonta langatonta Li-Fi-tekniikkaa (Light Fidelity), joka perustuu näkyvän valon käyttöön.

---

1. Ostroumov G. How to reduce radiation from laptop? http://www.buergerwelle.de:8080/helma/twoday/bwnews/stories/7951/, 22.04.2017.
2. Ostroumov G., Jansson E. Sylimikroa ei kannata pitää sylissä. Aamulehti, 27.12.2011.
3. Ostroumov G. Langattomasta tekniikasta on varoitettu. Turun Sanomat, 5.8 2009.
4. Ostroumov G. Turvallisesta tekniikasta. Turun Sanomat, 14.7.2009.
5. Ostroumov G. Älypuhelin lentotilassa. Sähköpostia, 2017/2.
6. Tamminen E., Ostroumov G. Lisää säteilyä hinnalla millä hyvänsä? http://turpaduunari.fi/lisaa-sateilya-hinnalla-millahyvansa/, 30.6.2016.
7. Ostroumov G. 6 reasons of increasing exposure to microwaves from LTE technology. http://www.buergerwelle.de:8080/helma/twoday/bwnews/stories/7429/, 9.6.2016.
8. Khan Z. I. and all. Electromagnetic field (EMF) Measurement for Public Safety Exposure Level. https://ieeexplore.ieee.org/document/8683911 , 9.4.2019.
9. https://www.bioinitiative.org/wp-content/uploads/2017/11/Hardell-2017-Sec11-Update-Use_of_Wireless_Phones.pdf . 10.2017.
10. Ostroumov G., Jansson E. Sulje tarpeeton WLAN! Aamulehti, 27.4.2014.

Luku 7. Tutkat

Tutka on radiotekninen mittauslaite, joka perustuu radioaaltojen (sähkömagneettisen säteilyn) avulla tapahtuvaan ilmaisuun ja mittaamiseen. Sen avulla voidaan tutkia ympäristöä monessa eri tarkoituksessa, kuten ohjata meri- tai ilmaliikennettä tai valvoa sitä (esim. tutkailmavalvonta). Sillä voidaan havaita, seurata ja mitata kohteiden suuntaa, etäisyyttä, nopeutta ja muitakin ominaisuuksia (1). Englannin kielessä sanaa tutka vastaa sana radar (Radio Detection And Ranging).

Säätutka

Säätutka on melko yleinen tutka ja meidän mielestämme yksi haitallisimmista säteilylähteistä. Säätutkien verkko kattaa lähes koko Suomen: Anjalankoski, Vantaa, Korppoo, Ikaalinen, Kesälahti, Kuopio, Petäjävesi, Vimpeli, Utajärvi, Luosto. Säätutkan antenni lähettää ympäriinsä suuritehoisia mikroaaltopulsseja. Pulssin kohdatessa esteen, kuten sadepisaroita, pieni osa sen tehosta heijastuu takaisin antenniin. Mikroaallot heijastuvat hyvin lumihiutaleista ja sadepisaroista, joten tutkakuvasta nähdään, missä sataa.

Tutkan pyörivä antenni voi kartoittaa sadealueet jopa 250 km:n säteellä tutkan ympärillä. Säätutkan pulssiteho on yleensä 250 000 W eli 250 kW (keskimääräinen teho noin 250 W). Säätutkan antennin vahvistus on yleensä 40 dB ja pulssin kesto noin 1 µs silloin, kun pulssien välinen aika on noin 1 ms. Suomessa säätutka toimii taajuusalueella 5,5–5,65 GHz. Säätutka pyörii ja siirtelee keilaansa ylös ja alas. Säätutkan pääsäteilykeila on kapea (n. 1°), mutta sen pitää liikkua lähellä maapintaa (esim.

0,3°). Täten säteily voi osua osaksi ihmisiin, vaikka antenni sijaitsisi hyvinkin korkealla, kuten 30 m korkeassa tornissa.

Voiko säätutkan säteily olla haitallista ihmiselle? Syksyllä 2015 Eva, joka on hyvin herkkä mikroaaltosäteilylle, alkoi tuntea uutta ja outoa kieputusta Virroilla: *"Se pyörrytys tuli selvästi jostakin laitteesta, se alkoi ja loppui yhtäkkiä. Myös taskukokoinen säteilymittarini kieppui samaa tahtia. Vedin pienen asuntovaununi 5 km:n päähän matalaan paikkaan synkkään metsään. Siellä kieputtava olo katosi, ja jätin vaununi metsään. Välillä palasin takaisin mökkiini, mutta aina kun kieputus iski, ajoin taas vaunulleni. Näin tapahtui monta kertaa. Myöhään syksyllä Maaseudun Tulevaisuus kertoi, että Petäjävedelle asennetaan säätutkaa. Kysyin STUK:lta Petäjäveden säätutkan mahdollisesta haitasta. STUK vastasi, ettei altistus ylitä 0,3 prosenttia sallitusta rajasta. Eipä poistanut tuolla vastauksella kärsimyksiäni."*

Kesällä 2015 olimme etsineet säätutkaa Evan pakolaispirtillä Virroilla mutta löysimme vain Vimpelin säätutkan suunnan. Syystalvella, kun Petäjäveden säätutka oli selvinnyt Maaseudun Tulevaisuudesta, niin Eva ei jäänyt sitä mittaamaan vaan pakkasi asuntovaunuunsa tärkeimpiä tavaroitaan ja muutti lopullisesti pois Virroilta.

Sen sijaan mittasimme vuonna 2020 Ruovedellä Näsijärven rannassa huikeat 500 000 µW/m^2, ja se tuli samaisesta Petäjäveden säätutkasta. Etäisyys Jyväskylän lähellä sijaitsevasta Petäjäveden säätutkasta Virroille sekä Ruovedelle Näsijärven rantaan on suurin piirtein sama eli noin 65 km. Täten on mahdollista, että myös Virtain pakolaispirtille tullut säätutkan tehotiheys oli yhtä hirveä eli 500 000 µW/m^2 ja juuri tuosta kovasta säteilystä Eva kärsi vuonna 2015 Virroilla.

Pitää muistaa, että EN:n suosittama pitkäaikaisen säteilyn yläraja on vain 100 µW/m^2. Laskentamme osoittaa, että säätutkan säteily voi olla ihmiselle haitallista jopa 100 km:n etäisyydeltä (2).

Säätutkien verkko kattaa lähes koko maan, joten suurin osa väestöstä altistuu säteilylle – useimmiten tietämättään. Miksei säätutkan keilaa nosteta maasta? Tarkoitushan on tutkia ilmaa eikä maata. Säätutka voi helposti nostaa keilansa maasta (3) – siinä on kyllä tarpeeksi elektroniikkaa sitä varten. Valitettavasti näin tehdään vain, mikäli säätutkan säteilyn eteen tulee jokin este, kuten tuulivoimala. Ainakin Kotkassa säätutkan tuottama säteily väheni merkittävästi, kun rannikolle rakennettiin tuulivoimaloita. Säätutkan säteilytaso oli eräässä mittauspaikassa ollut aiemmin noin 300 000 µW/m^2, mutta tuulivoimaloiden myötä se pieneni vain noin 20 000 µW/m^2:iin.

Onko koko maan kattava säätutkien verkko yhteiskunnalle tärkeä, jos satelliitit, lentokoneet, havaintoasemat ja sääluotausasemat keräävät lähes samaa tietoa? Hyvin monet ihmiset altistuvat säätutkien säteilylle voimatta itse vaikuttaa siihen.

Muita tutkia

Maanpäällisiä tutkia sijoitetaan pääosin rajoille ja lentoasemille. Rajavalvonnan lisäksi tutkia tarvitsevat satamat, laivat, lentokoneet ja lentokentät. Usein puolustusvoimat ja siviililiikenteen lentokentät käyttävät samoja tutkia, mikä onkin järkevää. Puolustusvoimilla on ilmavalvontatutkia (kaukovalvontatutkia, keskivalvontatutkia ja lähivalvontatutkia). Yleensä kaukovalvontatutkien valvontaetäisyys on lähes 500 km, ja korkeussuuntainen peitto yltää yli 30 km:n korkeudelle (4). Keskivalvontatutkan mittausetäisyys on noin 350 km ja korkeusulottuvuus noin 15 km. Lähivalvontatutka on siirrettävä järjestelmä, jolla voidaan nopeasti ja joustavasti täydentää muiden ilmavalvontatutkajärjestelmien suorittamaa valvontaa. Lähivalvontatutkan mittausetäisyys on noin 100 km, korkeussuunnassa noin 5 km.

Tutkan keilan kiertonopeutta voidaan säätää. Joskus keila heilahtaa muutaman sekunnin välein, joskus taas väli voi olla jopa 20 minuuttia. Puolustusvoimien tutkat käyttävät useita eri taajuuksia, ja niille on varattu vielä useampia taajuuksia kuin niillä on käytössä. Taajuuksiin voi tutustua Traficomin sivuilla (5). Valitettavasti hyvin usein osa ilmavalvontatutkien säteilystä osuu maanpintaan (niiden nimestä huolimatta).

Ulkomailla on tutka-asemia, joilla on hyvin pitkät tutkasäteet. Esimerkiksi eräs tutka-asema näkee metallisen pallon (halkaisija 5 cm) 2 000 km:n etäisyydeltä. Venäjällä Lekhtusissa on hyvin vahva tutka-asema, jonka valvontaetäisyys on 6 000 km.

Tehotiheys pääsäteilykeilassa voi ylittää sallitun normin jopa 10 km:n etäisyydellä. Koska sellaisella tutka-asemalla on paljon antenneja (Phased Array System), sivukeilan säteily voi olla haitallista tutka-aseman lähellä (6). Suomen alueella säteily tuollaiselta tutka-asemalta on maanpinnassa hyvin heikko, koska tutka-aseman pääsäteilykeila kohdistuu takuulla vapaaseen avaruuteen (säteilyn kulma yli 2°).

Ilmavoimien lentokoneissa on useita tutkia. Lentokoneen tutka voi säteilyttää maanpintaa myös tahallaan, koska tutkan pitää ”nähdä” maassa olevia kohteita.

Nähdäkseen erilaisia piilotettuja, esimerkiksi puiden alla olevia kohteita ja luokitellakseen muun muassa lentäviä kohteita tarkasti lentokone voi käyttää tutkaa, joka säteilee hyvin lyhyitä pulsseja (pulssin kesto noin 100 ps–1,5 ns). Tämä säteily tunkeutuu ihmiseen syvemmin kuin säteily tavallisesta tutkasta, esimerkiksi säätutkasta (säätutkan pulssin pituus noin 1 µs, 1 µs = 1 000 ns = 1 000 000 ps). Toisaalta lyhyen pulssin energia voi olla pienempi kuin pitkän pulssin energia, joten on vaikea sanoa, minkälainen tutka on haitallisin. Lentokoneiden tutkien säteilytehot ovat kuitenkin ehdottomasti suuria, sillä tutkien mittausetäisyys voi olla jopa yli 300 km.

Valitettavasti terveyshaittakin voi olla aika merkittävä, koska ihminen joutunee olemaan juuri tutkan pääsäteilykeilassa. Eva kertoo: *"Asuessani suurella peltoalueella, jossa ei ollut mäkiä lähelläkään, kärsin kovasti lentokoneiden tutkista. Usein ennen lentokoneen lähestymistä tunsin oudon iskun sydämessäni – ehkä minuuttia ennen kuin näin lentokoneen taivaalla. Moni sähköyliherkkä ihminen on saanut luonani tällin sydämeensä samaan aikaan kuin minä ja kysynyt, mitä se oikein oli."*

Voisiko lentosotaharjoituksilta suojautua jotenkin? Ilmavoimat ilmoittaa lentosotaharjoituksista omilla internetsivuillaan (7) hiukan ennen harjoituksia. Puolustusvoimille voi soittaa ja kysyä lentosotaharjoituksista (puh. 02 9800). Valitettavasti päivittäislentoharjoituksista ei tarvitse ilmoittaa, ja juuri nuo päivittäislentoharjoitukset ovat herkistyneen painajainen (8, 9). Mäet kuitenkin suojaavat onneksi melko hyvin, ja vielä parempi olisi maanalainen kellari. Ruotsalaiset ja venäläisethän rakentavat hillokellarinsa talon alle. Ennen kuin rakentaa mitään, pitäisi kuitenkin mitata tutkasäteily. Valitettavasti tavallisilla mittareilla ei useinkaan voi mitata hyvin korkeataajuista, pulsattua tutkasäteilyä.

Kerroimme tutkista, jotka tarvitsevat suoran näkyvyyden (ne eivät voi nähdä horisontin takana olevia kohteita). On kuitenkin olemassa yli horisontin tutka (Over-The-Horizon Radar, OTHR). Sellaiset tutkat näkevät horisontin taakse, koska ne käyttävät pitkiä aaltoja pääosin 3–30 MHz:n taajuusalueelta, kun taas tavalliset tutkat käyttävät pääosin mikroaaltoja.

Ensimmäinen OTHR-tutkan tyyppi perustuu pinta-aaltoon. Siten tutka voi mitata satoja kilometrejä horisontin takana (yleensä merellä) olevia kohteita. Tutkaa tarvitaan varsinkin valtamerten sotilaalliseen valvontaan, sään ennustamiseen ja laittoman maahantulon estämiseen. Mantereella asuvalle ihmiselle OTHR-tutka ei aiheuta terveyshaittaa, sillä hän on kaukana tutkan lähetinantennijärjestelmästä. Pääasiallisesti kannattaakin aina pysytellä kaukana (ainakin yli 1 km:n päässä) tutkan lähetinantennijärjestelmästä. Erityisen tärkeää on välttää tutkan pääsäteilykeilan säteilyä.

Toinen OTHR-tutkan tyyppi perustuu ionosfääriheijastukseen. Tutka-asema voi mitata jopa tuhansia kohteita tuhansia kilometrejä horisontin takana. Vain muutamalla maalla on tällaisia tutka-asemia, koska ne ovat hyvin kalliita ja niitä tarvitaan pääosin vain hyvin tärkeään strategiseen sotilaalliseen valvontaan.

Esimerkiksi Neuvostoliitto rakensi tutkan Tšernobyliin (10). Tutka nimettiin Duga-1:ksi (Дуга-1), ja sen rakentaminen aloitettiin vuonna 1972. Yli horisontin tutkan lähetinantennijärjestelmä sijaitsi Tšernigovissa ja vastaanottoantennijärjestelmä lähellä Tšernobylia (ks. kuva).

Tutka-asema Duga-1 (vastaanottoantennijärjestelmä). Lähde: https://pixabay.com/photos/duga-radar-chernobyl-pripyat-3369717/

Vastaanottoantennijärjestelmän koko oli 500 × 150 m, jossa 150 m oli korkeus ja 500 m pituus. Lähettimen teho oli 1,5 MW, ja se antoi tutka-asemalle 3 000 km:n peittosäteen. Tutka-asema ei ole ollut toiminnassa vuoden 1986 (Tšernobylin ydinonnettomuuden) jälkeen.

Venäjän uudet, pitkän tutkasäteen tutka-asemat ovat nimeltään Kontainer-tutkia (РЛС "Контейнер" tai РЛС ЗГО 29Б6 Контейнер), suomeksi siis Kontti-tutkia. NATO on käyttänyt monessa yhteydessä Kontainer-tutkasta nimitystä Container tai 29B6 Container.

Ensimmäinen uusi Kontainer-tutkan vastaanottoantennijärjestelmä rakennettiin Mordovian (Мордовия) tasavallan Kovylkinon (Ковылкино) kaupunkiin ja lähetinantennijärjestelmä taas Nižni Novgorodin alueen (Нижегородская область) Gorodetsin (Городец) kaupunkiin.

Valmis tutka-asema otettiin käyttöön vuonna 2019. Vastaanottoantennijärjestelmän koko on 1 300 × 200 × 34 m, jossa 34 m on korkeus, 200 m leveys ja 1 300 m pituus. Käytössä on 144 antennimastoa. Peittosäde on jopa 6 000 km. Tutka-asema voi nähdä 3 000 km:n etäisyydelle, kun ”näkymätön” lentokone (häivelentokone) nousee ilmaan. Myös norjalaiselta lentoasemalta nouseva pieni lentokone on havaittavissa (11).

On mahdollista, että amerikkalainen projekti HAARP (High Frequency Active Auroral Research Program) ja venäläinen projekti Sura (Cypa), jotka tutkivat ionosfääriä, ovat osittain tukenneet tällaisten tutka-asemien toimintaa. Projektien lähetinantennijärjestelmät kuitenkin lämmittävät ionosfääriä tuntuvasti, mikä on herättänyt paljon kysymyksiä mahdollisista haitoista ja vaaroista.

Tutka-asema itse ei silti voi merkittävästi lämmittää ionosfääriä, koska säteilyn pulssit ovat lyhyitä ja tutka-aseman säteilykeila liikkuu jatkuvasti.

Voiko tuollainen tutka-asema aiheuttaa ihmiselle haittaa? Voi, jos ihminen on lähetinantennijärjestelmän vieressä. Suomessa altistus säteilylle on kuitenkin merkityksetön, joten suojatoimenpiteisiin ei kannata ryhtyä. Mäki tai matala paikka eivät muuten auta ihmistä suojautumaan säteilyltä 3–30 MHz:n taajuusalueella.

On myös olemassa bistaattinen tutka, joka säteilee verrattain heikosti (1–3 W). Siksi sen sijoittamista suositellaan joskus jopa kaupungin läheisyyteen. Mielestämme bistaattinen tutka voi kuitenkin aiheuttaa terveyshaittoja, koska se käyttää oikeastaan radiolinkkien laitteistoa. Radiolinkkien mahdollisista haitoista olemme jo kertoneet.

Bistaattisen tutkan lähetin ja vastaanotin sijaitsevat eri paikoissa (1). Bistaattinen tutka kykenee havaitsemaan myös häivelentokoneita, koska se analysoi vastaanottimen avulla vain signaalin muutosta. Siinä tapauksessa häiveteknologia ei toimi. Tutkan kaikua vastaanottavaan laitteeseen on vaikeaa kohdistaa häirintää, koska se on täysin passiivinen. Bistaattisen tutkan käytöstä Suomessa ei ole vielä tietoa. Venäjällä sitä on jo käytetty. Tuon bistaattisen tutkan nimi on Struna-1 / Barrier-E (Струна-1 / Барьер-E) ja taajuusalue 390–430 MHz (12). Tutka mittaa kohdetta, joka liikkuu kuvitellun esteen läpi (esteen korkeus 0,03–7 km ja etäisyys 50–500 km). Tuo kuviteltu este on lähettimen toimiva sähkömagneettinen säteily.

Georgiy kertoo: *"Osallistuin valvontajärjestelmän kehittämiseen. Käytimme samanlaista periaatetta: meillä oli mikroaaltolähetin (säteilyteho vain 10 mW) ja erillinen mikroaaltovastaanotin sekä lisäksi muutama heijastava kilpi. Valvonnan etäisyys oli muutama kilometri. On mielenkiintoista, että valvontajärjestelmä näki jopa pienen jäniksen. Täten ei ole ihme ainakaan minun mielestäni, että bistaattinen tutka kykenee havaitsemaan pieniä, lentäviä kohteita, muun muassa häivekohteita."*

Tietysti myös muunlaisia tutkia on olemassa, ja niistä pitäisi aina pysytellä kaukana.

Asiaan liittyy myös paradokseja. Rannikolla on yleensä paljon tutkia, mutta rannikon tutkat lähettävät radioaaltoja pääosin vain merelle päin. Säätutka sijoitetaan kuitenkin yleensä melko korkealle, joten rannikolla sen säteily voi olla heikkoa. Lentokoneet lentävät siellä hyvin harvoin. Täten tutkien kokonaissäteily voi olla heikkoa. Olisi pikemmin luullut, että kokonaissäteily olisi heikkoa harvaan asutulla alueella Keski-Suomessa, missä kännykkä ei aina toimi ja tutkia on verrattain vähän. Valitettavasti jopa yhden säätutkan säteily voi siellä kuitenkin olla hyvin voimakasta. Lisäksi alueella on usein lentosotaharjoituksia, joiden aikana lentokoneista tuleva säteily voi osua maahan sekä tahallaan että tahattomasti.

Joka tapauksessa asuinpaikka kannattaa valita mahdollisimman matalalta. Säteilyttömän alueen löytäminen on valitettavasti nykyään lähes mahdotonta. Radioteleskoopit kuitenkin vaativat alueen, jossa on mahdollisimman vähän radiotaajuista säteilyä. Olisiko myös hyvin sähköherkän ihmisen mahdollista asua siellä?

---

1. https://fi.wikipedia.org/wiki/Tutka
2. Ostroumov G. Weather radars and health problems. http://www.buergerwelle.de:8080/helma/twoday/bwnews/stories/7215/, 17.3.2016.
3. Ostroumov G., Jansson E. Säätutkan keilaa voisi nostaa maasta. Ilkka 23.7.2010.
4. https://ilmavoimat.fi/ilmavalvontatutkat
5. https:// www.traficom.fi
6. Introducing Brillouin Precursors: Microwave Radiation Runs Deep. MICROWAVE NEWS March /April 2002. https://microwavenews.com/sites/default/files/sites/default/files/backissues/m-a02issue.pdf
7. https://ilmavoimat.fi/ajankohtaista
8. Jansson E. Ilmavalvontatutka pyyhkii maata. Aamulehti, 2.12.2018.
9. Jansson E. Turhaa säteilyä. Maaseudun tulevaisuus, 9.1.2019.
10. Pesonen A. Venäjän horisonttitutkat kattavat koko Euroopan nähden myös risteilyohjukset. https://puheenvuoro.uusisuomi.fi/aripesonen1/253481-venajan-horisonttitutkat-kattavat-koko-euroopan-nahden-myos-risteilyohjukset/, 7.4.2018.
11. Тучков В. На смену "Русскому дятлу" пришел "Контейнер". https://svpressa.ru/war21/article/218545/. 9.12.2018.
12. http://bastion-karpenko.ru/barier-e-rls/

Luku 8. Televisio

Maanpäällinen, kiinteä televisio

Televisiolähettimen tehotiheys voi aiheuttaa ihmisille haittaa kymmenien kilometrien päähän. Televisiolähettimen lähetysteho on yksi suurimmista – se voi ylittää jopa 5 000 W – ja televisiolähetysantennin vahvistus on noin 10 dB. Täten sadat tuhannet ihmiset voivat kärsiä television signaalista. Suomi teki väärän päätöksen säilyttäessään maanpäällisen television ja kehittäessään DVB-T-tekniikkaa.

Saapa nähdä, mikä maa tekee ensimmäisenä oikean päätöksen ja luopuu maanpäällisestä, kiinteästä televisioverkosta kokonaan (1). Satelliitti-, kaapeli- ja internettelevisiot sen sijaan pitää säilyttää, ja niitä pitää myös kehittää. Voimakkaat radiolähettimet kannattaisi kuitenkin poistaa kaupungeista. Satelliittitelevisio on ihmisille vaaraton ja ympäristöystävällinen sekä tarjoaa tuhansia televisio- ja radiokanavia.

Mikäli joku luulee, että maanpäällinen, kiinteä televisio on vaaraton, Georgiy kumoaa oletuksen: *”Voin kertoa oman kokemukseni ajalta, jolloin asuin Donetskin kaupungissa Ukrainassa Neuvostoliiton aikaan. Donetskissa asui noin miljoona ihmistä. Kaupungin keskustaan rakennettiin televisiomasto. Sen lähetysteho oli niin voimakas, että televisiota saattoi katsoa ilman antennia. Monet ihmiset sairastuivat, varsinkin ne, jotka asuivat maston lähellä. Parikymmentä vuotta sitten televisiomaston toiminta lakkautettiinkin ja uusi masto rakennettiin kaupungin ulkopuolelle.”*

Mobiilitelevisio

Mobiilitelevision toteuttamiseen on ainakin kaksi mahdollisuutta: matkapuhelinverkon käyttö ja DVB-H-multimediaverkon käyttö. Terveyden näkökulmasta pitäisi käyttää vain matkapuhelinverkkoa (jos sellainen on jo valmiiksi, uusia televisiolähettimiä ei tarvita). DVB-H-multimediaverkon puolesta taas puhuu se, että matkapuhelinverkko ei anna kaikille haluaville asiakkaille mahdollisuutta katsoa mobiilitelevisiota samanaikaisesti, kuten esimerkiksi Pariisissa tai Moskovassa voi joskus tapahtua.

Helsingissä, Tampereella, Turussa, Oulussa ja Salossa oli DVB-H-multimediaverkko. DVB-H-käyttäjiä oli erittäin vähän, mutta toisaalta oli erittäin paljon ihmisiä, jotka kärsivät DVB-H-säteilystä. Traficomin mukaan *"DVB-H-multimediaverkkojen tarvitsemien lähettimien määrä on olennaisesti suurempi kuin DVB-T-verkkojen mutta lähetystehot pienempiä DVB-lähettimien yhteyteen rakennettuja päälähettimiä lukuun ottamatta"*. On vaikea sanoa konkreettisesti, missä nuo lähettimet aiheuttivat vaaraa ja kuinka paljon. Onneksi Digita sulki DVB-H-multimediaverkon Suomessa kokonaan 5.3.2012.

Moskovassa oli kaksi DVB-H-verkkoa. Molemmat sisälsivät 34 lähetintä, joista jokaisen teho oli 400 W. Enemmistö kaupungin väestöstä kärsi säteilystä, joten ratkaisu oli hyvin huono ensisijaisesti terveyden näkökulmasta. Venäjäkin sulki DVB-H-multimediaverkon kokonaan vuonna 2012.

Kuinka paljon televisio säteilee?

Nykyisin lähes joka kodissa on televisio. Markkinoilta löytyy laaja valikoima tunnettujen valmistajien led-, OLED-,

LCD-, plasma- ja 3D-televisiomalleja. Kirpputorilta voi ehkä löytää myös kuvaputkitelevision. Eniten käytössä on led-, OLED- ja LCD-televisiomalleja. Usein nykyaikaisessa televisiossa on älyominaisuuksia, jolloin sitä kutsutaan älytelevisioksi eli Smart TV:ksi.

Voiko televisio olla haitallinen ihmiselle? Aiemmin monet ympäristöjärjestöt painottivat, että kuvaputkitelevision läheisyydessä esiintyy voimakkaita sähkömagneettisia kenttiä. Myöskään STUK ei suositellut oleskelua kuvaputkitelevision lähellä.

STUK:n asiakas esitti kysymyksen: *"Kuinka paljon televisio säteilee? Vauvan sänky piti sijoittaa television taakse. Sängyn ja television välissä on kevyt väliseinä, mutta kiinnostaisi kuitenkin tietää, onko televisiosta haittaa."*

Tähän STUK vastasi: *"Televisio synnyttää ympärilleen magneettikentän, joka pienenee nopeasti etäisyyden kasvaessa. Vauvan sängyn sijoittamisesta aivan television taakse ei välttämättä ole vauvalle terveydellistä haittaa, mutta suositeltavampaa olisi kuitenkin jättää ainakin metrin väli myös television taakse jo senkin vuoksi, että television aiheuttama melukin vaimenee kauempana televisiosta."*

Tuohon voisi vielä lisätä, että kuvaputkitelevisio muodostaa myös vahvan sähkökentän ja heikkoa ionisoivaa säteilyä. Nyt tilanne on muuttunut. Lähes kaikki ympäristöjärjestöt ovat sitä mieltä, että led-, OLED- ja LCD-televisiot ovat haitattomia, koska kentät ovat hyvin heikkoja jopa television lähellä. Yli 2 m:n etäisyydellä ne ovat jopa pääosin merkityksettömiä (2).

LCD-televisio

LCD- eli nestekidenäytöt korvasivat aikoinaan entisajan kuvaputkitelevisiot. Niissä valonlähteenä on paneelin taakse asennettu loisteputki. LCD-televisiot ovat melko keveitä, ja näytön valtteina ovat hyvä valovoima ja kuvan kirkkaus (3). Koska televisio sisältää loisteputken, oleskelua 2–3 m lähempänä televisiota ei suositella. Tämä koskee erityisesti sähköherkkiä. Hyvin voimakas ja haitallinen sähkökenttä voi syntyä, jos LCD-televisiossa on käytössä ambilight-toiminto, joka tuntuu jopa 3 m:n etäisyydellä. Ambilight-toiminto kannattaakin aina sulkea.

Led-televisio

LCD-television virrankulutusta on pystytty vähentämään led-taustavaloilla. Led-televisio on tätä nykyä yleisin televisiotyyppi. Suurin osa tarjolla olevista televisioista on LCD-paneelilla varustettuja mutta led-tekniikalla valaistuja.

OLED-televisio

OLED-tekniikkaan perustuvat televisiot ovat kuvanlaadultaan parhaita ja kalleimpia. OLED-näyttöjen kuvapisteet valaisevat itse itsensä, joten erillistä taustavaloa ei tarvita. Tämä tarkoittaa samalla alhaisempaa energiankulutusta. Kuvapisteiden valoisuus on säädettävissä, joten OLED-television kuvanlaatu on parempi kuin esimerkiksi LCD-television. OLED-näytöt ovat myös selvästi ohuempia kuin LCD-näytöt.

Sähköherkän ihmisen kannattaa siis valita led-televisio tai OLED-televisio.

Eräästä kirjasta löytyy muutama hyvä vinkki television terveellisempään käyttöön (4):

Tuuleta uutta televisiota "tyhjäkäyttämällä" sitä ilmastoidussa tilassa pari viikkoa ennen käyttöönottoa, jotta suurin osa kemikaaleista haihtuu.

Pienempi ruutu säteilee luonnollisesti vähemmän kuin suurikokoinen näyttö.

Entä älytelevisio? Uusista televisioista löytyy usein internet- ja verkko-ominaisuuksia. Laitteessa on valmistajasta riippuen erilaisia mediatoimintoja ja lisäpalveluja, joiden määrä varmasti nousee tulevaisuudessa. Tyypillisiä ovat pienet apuohjelmat, jotka hakevat televisiokuvan viereen vaikkapa päivän uutissähkeitä internetistä. Joissakin malleissa on jo avoin selain, videovuokraamo tai pääsy televisiokanavan ohjelma-arkistoihin internetissä.

Useissa älytelevisiomalleissa on mahdollisuus ohjata televisiota kotiverkkoon kytketyn matkapuhelimen tai tablettitietokoneen ruudulta. Markkinoille on tullut myös malleja, joihin voidaan kytkeä näppäimistö ja hiiri. Näin internetselaimella varustetulla televisiolla voi surffata verkossa kuten tavallisella kotitietokoneellakin. Toisin sanoen älytelevisio sisältää tietokoneen osia.

Energiankulutus ja säteily tietysti lisääntyvät, mutta 2 m:n etäisyydellä säteily jää merkityksettömäksi, jos langattomat laitteet on kytketty pois päältä. Yleensä älytelevisio voi tukea langatonta wifiä ja joskus hyvin nopeita langattomia (60 GHz:n taajuusalueella) Wireless HD- tai WiGig-järjestelmiä.

Tulevaisuudessa älytelevisio voi myös toimia 5G-verkon kanssa. Jos käytössä on langaton yhteys, käyttäjä saa joskus merkittävää altistusta sekä älytelevisiosta että esimerkiksi älypuhelimesta. Sähköherkän ihmisen ei siis kannata ohjata televisiota kotiverkkoon kytketyn puhelimen tai tablettitietokoneen ruudulta eikä olla langattomasti internetissä älytelevision kautta.

On kuitenkin otettava huomioon, että älytelevision äly ei välttämättä tarkoita langattoman tekniikan käyttöä. Äly säilyy, vaikka älytelevisio kiinnitettäisiin kotiverkkoon ja internetiin kokonaan langallisesti. Esimerkiksi valokaapeli voisi taata nopeimman ja varmimman yhteyden.

Turvallisuuden näkökulmasta pitää ehdottomasti suositella televisiomalleja, joihin voidaan kytkeä langallinen näppäimistö ja hiiri. Sähköherkän kannattaa aina kysyä myyjältä television langallisista mahdollisuuksista ja niihin tarvittavista lisälaitteista.

---

1. Ostroumov G. Will new wireless technologies be safe to use? http://www.emfacts.com/weblog/?p=1394 , 29.1.2011.
2. Ostroumov G. Kuinka paljon televisio säteilee? Sähköpostia, 2018/2.
3. https://www.yhteishyva.fi/arjen-apu/taulutelevisio--ostajan-opas/0535845
4. Tamminen E., Rekula P., Juusela M. Sähköä ilmassa, 2015, s.324.

Luku 9. Säteily kotona

Tästä aiheesta on tietoa monessa paikassa (1). Nyrkkisääntönä on, että kannattaa pysytellä mahdollisimman kaukana säteilevistä laitteista. Säteilytasot kannattaa mitata aika ajoin. Edullisimmat monikäyttömittarit maksavat vain parisataa euroa, eikä niiden lukemiseen tarvita edes lukutaitoa. Niissä vihreä väri tarkoittaa turvallista (herkimmille se ei kuitenkaan riitä, vaan on syytä tuntea raja-arvot ja omat tuntemuksensa). Oranssi taas hälyttää varomaan, ja punainen valo merkitsee jo terveydelle vaarallista määrää. Terve järki ja säteilyhaitan arviointi, joka perustuu nykyisiin normeihin (2, 3), ovat tässä avuksi.

Jopa WHO luokittelee matalataajuiset, 0,3–0,4 µT ylittävät magneettikentät mahdollisesti karsinogeenisiksi lapsille. Sellaisia löytynee lähes joka kodista. Ilmastointilaitteet, sähköhella, pölynimuri ja monet muut kodinkoneet ylittävät WHO:n riskirajan. WHO:n mukaan tavallisen matalataajuisen sähkökentän arvo kodin sisällä voisi olla 5–50 V/m ja matalataajuisen magneettikentän arvo puolestaan 0,01–0,2 µT. Mitä heikompia matalataajuiset kentät ovat, sitä pienempi niiden terveyshaitta tietysti on. WHO on huolestuneempi matalataajuisista magneettikentistä kuin matalataajuisista sähkökentistä. Sähkökentistä voi kuitenkin koitua oikea terveyshaitta, vaikka ne pysyisivätkin STM:n asetuksen (4) rajoissa. Tässä luvussa kerromme huonosti tunnetuista tosiasioista, jotka vaikuttavat ihmisen terveyteen.

Laturit

Lähes joka kodissa on erilaisia latureita. Ne voidaan jakaa kahteen ryhmään. Ensimmäisessä ryhmässä ovat laturit, joiden matalataajuisen (50 Hz) magneettikentän arvo (magneettivuon tiheys) on suuri: yli 0,3 µT 50 cm:n etäisyydellä.

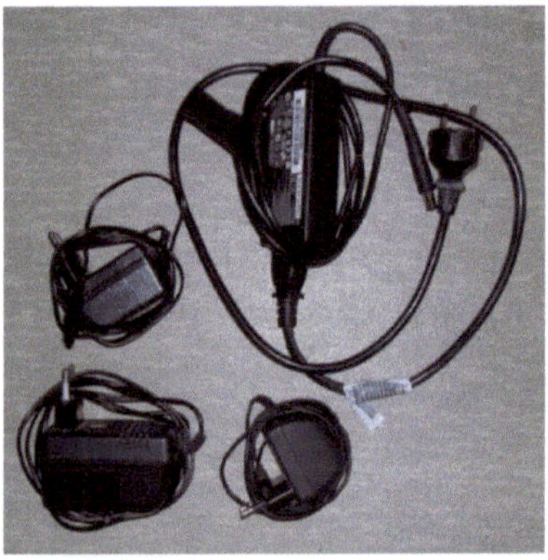

Latureita, joiden matalataajuisen magneettikentän arvo on yli 0,3 µT 50 cm:n etäisyydellä.

Toiseen ryhmään kuuluvat laturit, joiden matalataajuisen (50 Hz) magneettikentän arvo noin 50 cm:n päässä on taustasäteilyn tasoa eli vähemmän kuin 0,03 µT. Arvo voi kuitenkin olla suuri aivan laturin lähellä (ks. kuva).

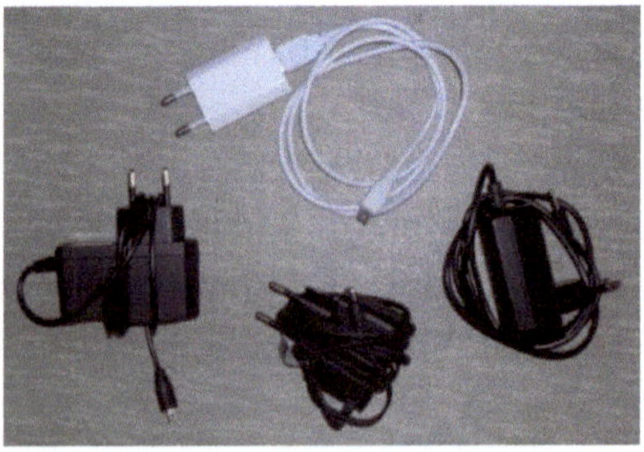

Latureita, joiden magneettikentän arvo voi olla suuri vain laturin lähellä.

Laturista voi vuotaa myös voimakasta matalataajuista (50 Hz) sähkökenttää. Siinä tapauksessa sähkökenttä pysyy laturin vieressä. Valitettavasti matkapuhelimia, tablettitietokoneita ja kannettavia tietokoneita käytetään usein myös latauksen aikana, ja tällöin koko järjestelmä voi olla käyttäjälle vaarallinen. Esimerkiksi valkoinen laturi muodostaa aivan lähellä melko heikkoa matalataajuista magneettikenttää (0,3 µT), kun taas matalataajuinen sähkökenttä on hyvin suuri (25 kV/m). Jos matkapuhelin kytketään tähän laturiin, sähkökentän arvo nousee aivan matkapuhelimen vieressä (korvan paikalla) 100 kV/m, vaikka sallittu raja on vain 5 kV/m.

On mielenkiintoista, että sähkökentän arvo riippuu hyvin paljon pistokkeen kytkennästä (siinä on kaksi asentoa). Jos sinulla on mittauslaite, voit valita asennon niin, että sähkökenttä on heikko. Siinä tapauksessa voit käyttää järjestelmää myös latauksen aikana. Samankaltainen ilmiö esiintyy, kun tablettitietokone tai kannettava tietokone kytketään laturiin. Valkoisesta laturista vuotaa myös korkeataajuista (60 kHz) sähkökenttää ja korkeataajuista magneettikenttää. Laturin vieressä korkeataajuinen sähkökenttä on 300 V/m ja korkeataajuinen magneettikenttä puolestaan 0,07 µT (ks. Likainen sähkö ja likainen säteily). On hyvä, että jo 50 cm:n päässä molemmat kentät olivat taustasäteilyn tasoa.

Osa laitteista tukee langatonta latausta. Testasimme vain Huawei CP60:n langattoman laturin. Kun laturi ei ladannut, pulsattu magneettikenttä sen vieressä oli noin 10 µT. Latauksen aikana magneettikenttä olikin vain 0,5 µT. Tässäkin tapauksessa on järkevää, että laturi kytketään pistorasiaan vain latauksen ajaksi. Pitää muistaa, että langaton laturi, joka lataa laitetta korkeintaan 10 mm:n etäisyydellä, pääosin toimii 100–357 kHz:n taajuusalueella. Laturi, jonka toimintaetäisyys on 50 mm, toimii korkeammalla taajuudella (jopa 6,78 MHz). Molemmissa tapauksissa langattomat laturit tuovat ympäristöön likaista säteilyä (ks. Likainen sähkö ja likainen säteily), joka voi aiheuttaa terveyshaittoja erityisesti sähköherkille.

Suosituksemme on selvä: älä pidä laitteita kehossasi kiinni latauksen aikana! Suosittelemme myös irrottamaan kaikki laturit pistorasiasta silloin, kun niillä ei ladata. Tukesin tutkija on tosin vakuutellut, että laturia voi pitää pistorasiassa huolettomasti, sillä sen sähkönkulutus on vähäistä. Maapallon mittakaavassa ei kuitenkaan pidä väheksyä sähkönkulutusta eikä ainakaan terveyttä. EN suosittelee kytkemään virran kokonaan pois sähkölaitteista silloin, kun niitä ei käytetä, ja ohje koskee tietysti myös latureita.

Usein latureiden ympärille muodostuu vahva muuttuva magneettikenttä, joka voi aiheuttaa ihmisille ikäviä oireita silloinkin, kun laturi ei lataa. Osa latureista tuottaa vahvan muuttuvan magneettikentän jopa 0,5 m:n etäisyydelle. WHO:n mukaan magneettikenttä on erittäin haitallinen, jopa karsinogeeninen. Latauksen aikana kannattaa pysyä kaukana laturista, sillä herkimmät ihmiset saavat hermostollisia oireita jopa vain muutaman metrin etäisyydellä lataavasta laturista.

Valitse turvalliset kuulokkeet ja handsfree-laitteet

Turvallisten laitteiden valintaan on vakavia perusteita (5). Kuulokkeista voi joskus vuotaa matalataajuisia magneettikenttiä, jotka saattavat aiheuttaa käyttäjälleen terveyshaittoja. Muistutamme, että ainakin WHO luokitteli kyseiset kentät mahdollisesti karsinogeenisiksi, mikäli magneettivuon tiheys ylittää 0,3–0,4 µT. Toinen vakava syy kuulokkeiden tarkkaan valintaan on, että monet markkinoilla nykyisin olevat mallit voivat tuottaa langattoman tiedonsiirron vaatimia sähkömagneettisia kenttiä. Vuonna 2011 WHO(IARC) luokitteli sähkömagneettiset kentät mahdollisesti syöpävaarallisiksi. Lähes samanaikaisesti EN antoi suosituksensa kaikille jäsenvaltioille, myös Suomelle, sähkömagneettisten kenttien tehotiheyden rajoittamiseksi enimmäistasolle 100 µW/m^2. Olemme riippumattomia tutkijoita. Tästä syystä kehotammekin valitsemaan vain sellaisia laitteita, jotka ovat haitattomia ja vaarattomia juuri WHO:n ja EN:n suositusten mukaisia.

Kuuloke on ulkokorvassa tai sen päällä pidettävässä kotelossa oleva pieni kaiutin, jolla kuunnellaan yksityisesti esimerkiksi musiikkia. Kuulokkeita käytetään muun muassa erilaisissa kannettavissa musiikkilaitteissa, tietokoneissa ja puhelimien handsfree-laitteissa. Handsfree-laite, toiselta nimeltään headset, on kuuloke-mikrofonisetti. Joskus mainostetaan myös in-ear-kuulokkeita (johdossa oleva mikrofoni), BT-kuulokkeita (mikrofoni puheluille) jne. Tyypillinen handsfree-laite on matkapuhelimeen liitettävä apuväline, jonka avulla voidaan puhua puhelimeen pitämättä sitä kädessä.

Perinteisten langallisten kuulokkeiden lisäksi on olemassa langattomia kuulokkeita, joihin lähetetään signaalia sähkömagneettisilla kentillä nykyisin pääosin Bluetoothin avulla (2,4 GHz). Kuulokemikrofoni (Razer Chimaera 5.1 T1) toimii 5,8 GHz:n taajuudella.

Voivatko langattomat kuulokkeet olla haitattomia? Teoriassa ne voivat olla haitattomia kuulokkeiden käyttäjille, koska kuulokkeisiin tuleva Bluetoothin teho esimerkiksi kannettavasta tietokoneesta on hyvin heikko, jos tietokone on kaukana. On kuitenkin hyvä ottaa huomioon, että Bluetoothin teho tietokoneesta voi olla jopa 100 mW (matkapuhelimen suurin teho on samaa luokkaa). Täten tietokoneen lähellä olevat ihmiset voivat olla alttiita terveyshaitoille.

Tämän lisäksi kaiuttimessa on sisäänrakennettu vastaanotin, joka sisältää muun muassa korkeataajuisen oskillaattorin. Oskillaattorin ei pitäisi säteillä korvaan, mutta mitä todellisuudessa tapahtuu? Kannattaa tutkia kuulokkeen vierestä mahdollista korkeataajuista säteilyä esimerkiksi Cornet-mittarin avulla. Mikäli säteily ylittää 100 $\mu W/m^2$, on syytä luopua langattomista kuulokkeista. Langattomasta yhteydestä luopumiseen on vielä yksi ehdoton syy. Mikäli kuulokkeen vieressä on langaton Bluetooth-mikrofoni, joka itsessään säteilee 1–2,5 mW, handsfree-laite voi tuottaa haittaa käyttäjälleen, koska Bluetooth-säteily ylittää varmasti EN:n suosituksen.

Valitettavasti myös langalliset kuulokkeet ja handsfree-laitteet voivat joskus johtaa haitallista korkeataajuista säteilyä käyttäjänsä päähän. Näin voi tapahtua erityisesti silloin, kun ihminen käyttää matkapuhelinta langallisen handsfree-laitteen kanssa olettaen, ettei suhteellisen etäällä oleva matkapuhelin voi olla haitallinen. Todellisuudessa suhteellisen voimakas matkapuhelimen korkeataajuinen säteily tunkeutuu päähän metallisten johtojen kautta. Kuluttajajärjestö muistuttaa (www.rfsafe.com Cell phone radiation exposure encreases when using wired hands-free headsets), että tuo säteily voi olla jopa kolme kertaa voimakkaampaa kuin säteily matkapuhelimesta ilman handsfree-laitetta. Yleensä säteilyn määrä riippuu matkapuhelimen mallista, handsfree-laitteen mallista ja niiden yhteisvaikutuksesta.

Testasimme kolmea handsfree-laitetta. Yksi malli ei pienentänyt säteilyä lainkaan, kaksi mallia vain hieman. Joskus väitetään, että jokin handsfree-laitteeseen asennettava lisälaite (ferriittirengas, suodatin tms.) muka pienentäisi säteilyä. Ennakolta on vaikea sanoa, mitä tapahtuu. Kokemuksesta tiedämme, että ferriittirengas voi joko nostaa tai laskea säteilyn määrää (riippuu yleensä sen paikasta). Tähän ongelmaan on onneksi ratkaisu: ilmaputkilla varustettu handsfree-laite, esim. kuvassa oleva (Smart & Safe-handsfree).

Smart & Safe-handsfree vähentää päähän kohdistuvaa säteilyä matkapuhelimella puhuttaessa jopa 98 prosenttia. Laitteessa on ääntä johtavaa muovia olevat stereokuulokkeet. Niiden ideana on, että muovi ei välitä säteilyä korvaan asti kuten tavallisissa kuulokkeissa oleva, metallia sisältävä johto.

Testasimme tuollaisen handsfree-laitteen. Se pienensi korkeataajuista säteilyä merkittävästi. Suosittelemme! Lisäisimme vielä, että hyvin sähköherkkä ihminen voi käyttää laitteessa pitkiä (50–100 cm) ilmaputkia altistumisensa vähentämiseksi. On hyvin tärkeää, että tällaisissa handsfree-laitteissa kaiutin (pieni apulaite, jossa sähkö muuttuu ääneksi) on ilmaputken alun vieressä. Tällöin kuulokkeista ei vuoda merkittäviä matalataajuisia kenttiä käyttäjän päähän.

Muissa, sekä langallisissa että langattomissa, kuulokkeissa ja handsfree-laitteissa kaiutin on aivan pään vieressä, jolloin terveyshaitta on mahdollinen.

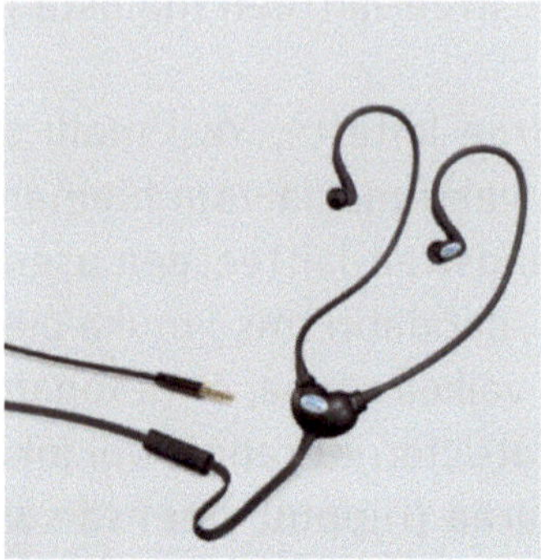

Smart & Safe-handsfree. Lähde: http://www.sahkoailmassa.fi/tuotteet/puhelimet-ja-lisaetarvikkeet

Nykyisin dynaamiset kaiuttimet ja piezo-kaiuttimet ovat laajassa käytössä. Vastaavat handsfree-laitteet näkyvät kuvassa.

Kuvassa ylhäällä on valkoinen handsfree-laite (valkoiset kuulokkeet sisältävät piezo-kaiuttimet), alhaalla taas musta handsfree-laite (kuulokkeet sisältävät dynaamiset kaiuttimet).

Dynaamisesta kaiuttimesta vuotaa matalataajuista magneettikenttää ja piezo-kaiuttimesta puolestaan matalataajuista sähkökenttää. WHO:n mukaan vain matalataajuinen magneettikenttä voi olla mahdollisesti karsinogeeninen – dynaamiset kaiuttimet voivat siis olla haitallisia terveydelle. Kuvan mustat kuulokkeet ovat haitalliset (magneettivuon tiheys voi ylittää 10 µT), valkoiset kuulokkeet taas haitattomat (magneettivuon tiheys ei ylitä 0,03 µT). Handsfree-laitetta ei kuitenkaan luonnollisesti saa valita värin perusteella. Lähes aina dynaaminen kaiutin sisältää pysyvän magneetin, jolloin esimerkiksi kompassi auttaa oikean valinnan tekemisessä. Paras tapa valinnan onnistumiseen on matalataajuisten kenttien mittaus esimerkiksi Cornet-mittarin avulla.

Hyvin sähköherkkä ihminen ei valitettavasti voi aina käyttää edes piezo-kaiuttimia. Tällaisessa tapauksessa äänenvoimakkuus kannattaa säätää mahdollisimman pieneksi. Laitteesta riippumatta näin kannattaa tehdä. Esimerkiksi jos kannettavan tietokoneen (Presario CQ 57) äänenvoimakkuuden merkki osoittaa sataa prosenttia, kuulokkeita ei kannata käyttää (magneettivuon tiheys ylittää 10 µT). Mikäli äänenvoimakkuuden taso asetetaan 25 prosenttiin, magneettivuon tiheys on enää 0,25 µT, jota voidaan pitää haitattomana. On mielenkiintoista, että monessa tapauksessa 25 prosentin taso takaa hyvän kuuluvuuden. Kuuluvuus on hyvä jopa kymmenen prosentin tasolla, jolloin vastaava magneettivuon tiheys on taustakentän luokkaa.

Mikäli äänenvoimakkuuden säätäminen on vaikeaa, on olemassa toinenkin menetelmä: kuulokkeen ja korvan väliin voidaan sijoittaa esimerkiksi muovinen tai kartonkinen putki, joka siirtää pelkkää ääntä. Erään kuulokkeen magneettivuon tiheys ylitti 10 μT, mutta 5 cm pitkän kartonkiputken ansiosta se putosi alle 0,1 μT. Ero on terveyden kannalta merkittävä. Äänen laatu oli molemmissa tapauksissa hyvä.

Kannattaa tehdä näin:

- valitse ilmaputkilla varustettu laite
- jos kuitenkin joudut käyttämään muuta laitetta, aseta äänenvoimakkuus mahdollisimman pieneksi
- tarkista sähkömagneettisten kenttien tehotiheys (korkeintaan 100 $\mu W/m^2$) ja matalataajuisten magneettikenttien magneettivuon tiheys (alle 0,3 μT) laajakaistaisen mittarin (esim. Cornet ED88TPlus) avulla
- opeta lasta käyttämään ensisijaisesti kaiutintoimintoja tai säätämään äänenvoimakkuus mahdollisimman alhaiseksi, jotta leukemiaan sairastumisen riski pysyy pienenä.

Pistorasiat

Varsin usein tavalliset pistorasiat, joissa on kaksi johtoa, voivat olla haitallisia tai jopa vaarallisia. Niiden sähkökentän voimakkuus voi nousta jopa suuremmaksi kuin 5 kV/m, joka on Suomen normi, mikäli etäisyys on alle 5 cm. Vaikka pistorasiasta ei vuotaisikaan sähkövirtaa, silti sen lähellä on voimakas sähkökenttä. Pistorasiaa ei voi pelkästään tukkia tulpalla, vaan siitä pitää siirtyä kauemmaksi. Parhaaseen tulokseen päästään, jos pistorasiat vaihdetaan sellaisiin, joihin tulee kolme johtoa. Se on ammattilaisen tehtävä.

Mikäli kodin sähkölaitteessa on kolmijohtiminen johto, se kannattaa kytkeä vain sellaiseen pistorasiaan, johon tulee kolme johtoa. Muutoin sähkökenttä voi olla hyvin suuri.

Esimerkiksi kun kolmijohtoinen lattiavalaisin (ks. kuva) kytkettiin kaksijohtoiseen pistorasiaan, sähkökentän voimakkuus metrin etäisyydellä valaisimesta oli 250 V/m myös silloin, kun valo oli kytkettynä pois. Säteilyä tulee siis jatkuvasti. Jopa 5 m:n etäisyydellä tuntui haitallinen kenttä: 6 V/m. Kun sama valaisin kytkettiin oikein asennettuun kolmijohtoiseen pistorasiaan, sähkökentän voimakkuus metrin etäisyydellä oli enää 20 V/m.

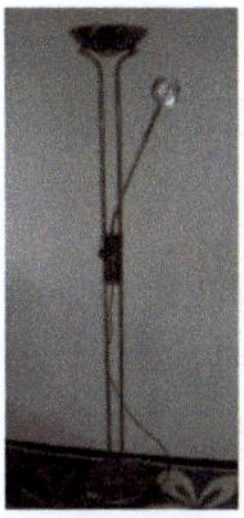

Lattiavalaisin, jossa on kolmijohtoinen pistoke.

Säteilevätkö satelliittiantenni tai navigaattori?

Vaikka satelliittiantennin mikropäässä on sisäänrakennettu paikallisoskillaattori, ympäristöön ei vuoda juurikaan säteilyä. Satelliittiantenni ja vastaava satelliittidigiboksi (jos sellainen on) kannattaa sijoittaa ainakin 3 m:n päähän.

Edes käytöstä poistetun satelliittiantennin lähellä (alle 1 m) ei kannata olla, koska antenni (ks. kuva) voi tahattomasti vahvistaa erilaisia korkeataajuisia säteilyjä.

Lautasantenni kohdistuu asuntoon.

Toisin sanoen: jos ihmisen kehon osa joutuu olemaan lautasantennin polttopisteessä, se voi saada ison annoksen säteilyä.

Kuvassa oleva lautasantenni kohdistuu asuntoon. Tietenkään tämä lautasantenni ei saa signaaleja satelliittista, mutta se voi siepata ja vahvistaa esimerkiksi asunnosta tulevaa reitittimen säteilyä. Kun parvekkeelle tulee ihminen, hänen paikallinen säteilyannoksensa voi nousta jopa satakertaiseksi.

Navigaattori vastaanottaa satelliittien lähettämiä signaaleja ja on täten haitaton. Mutta mikäli äänitoiminto on kytketty päälle, navigaattorin lähelle muodostuu muuttuvaa magneettikenttää. Jos kuitenkin haluaa kuunnella navigaattorin äänitoimintoa, laite kannattaa sijoittaa mahdollisimman kauas kuljettajasta ja muista ihmisistä.

Onko pienitehoinen laite aina haitaton?

Ihmisen keho säteilee itse 60–100 W, joskus jopa yli 100 W. Ehkä tästä syystä kuulee joskus väitettä, jonka mukaan laite on haitaton, jos sen tehonkulutus on alle 100 W tai jos se toimii paristoilla. Valitettavasti asia ei ole näin yksinkertainen – ei edes silloin, kun tehonkulutus alittaa 1 W.

Sanottakoon ensin, että ihmiskeho säteilee pääosin infrapunan taajuuksilla. Säteily, joka kohdistuu ihmiseen vaikkapa saunassa, on tietyissä rajoissa haitatonta ja jopa terveellistä.

Kirjassamme käsittelemme pääosin säteilyä taajuusalueella 1 Hz–300 GHz. Tällä taajuusalueella laitteen säteilyteho sekä vastaavasti tehonkulutus voivat olla hyvin pieniä, mutta siltikin laite voi olla haitallinen tai jopa vaarallinen. Säteilevän laitteen (matkapuhelin, reititin jne.) tehonkulutus voi olla vain muutamia watteja tai vieläkin vähemmän, mutta siitä voi vuotaa haitallista säteilyä. Eva kertoo: *"Tunnen sähköyliherkkiä, joiden on vaikea kestää jopa lähettämääni pientä radiota, joka toimii kahdella AAA-paristolla."* Jopa yhdellä AA-paristolla (1,5 V) toimiva herätyskello luo pulsattua magneettikenttää joka sekunti. Sellaista herätyskelloa ei siis kannata pitää ihan pään vieressä vaan ainakin 50 cm:n päässä kehosta. Mittasimme myös muutaman rannekellon; ne tuottivat yhtä vahvan magneettikentän kuin herätyskello. Joten emme ihmettele sitä, että mekaaniset rannekellot ovat arvossaan. Herkistynyt luopukoon nappiparistolla toimivasta rannekellostaan.

Tasavirta vai vaihtovirta kotiin?

Elämme aikaa, jolloin sähköenergiaa siirretään pääosin vaihtovirralla. Aiemmin sähköenergiaa siirrettiin tasavirralla. Esimerkiksi Helsingissä vaihtovirta voitti lopullisesti vasta 1940-luvulla ja Tukholmassa niinkin myöhään kuin 1960-luvulla. Syy oli taloudellinen: tasavirta on edullisempaa vain, jos sähköenergiaa siirretään yli 1 000–1 200 km:n etäisyydelle. Kukaan tuskin on laskenut tarkasti tämän voiton terveyskustannuksia, ja siksi esitämmekin nyt oman karkean arviointimme.

Sekä vaihtovirta että tasavirta vaikuttavat ihmiseen ainoastaan vastaavien kenttien kautta (emme käsittele tässä hengenvaarallisia tilanteita, joissa ihminen on hyvin lähellä voimalinjaa ja/tai yrittää jopa koskea sitä).

Keskitymme pelkästään magneettikenttiin, koska juuri ne vaikuttavat terveyteen eniten ja niiden pienentäminen on hyvin ongelmallista. Emme siis käsittele sähkökenttiä, joita voisi pienentää merkittävästi melko helpostikin.

Suomen normien mukaan (4) magneettivuon tiheys 50 Hz:n muuttuvalle magneettikentälle on enintään 200 µT, kun se taas staattiselle magneettikentälle (0 Hz:n tasavirta) on enintään 400 000 µT. Täten vaihtovirran pitäisi olla 2 000 kertaa haitallisempaa kuin tasavirta. Jos otetaan huomioon WHO:n suositus muuttuvalle magneettikentälle – enintään 0,3–0,4 µT – vaihtovirta voi samoissa olosuhteissa olla vielä paljon haitallisempaa. Olemme huolestuneet tästä.

Olemme myös samaa mieltä siitä, että säteilyn pienentämiseksi kannattaa käyttää erilaisia keinoja (1). Tästä näkökulmasta esimerkiksi akusta saatavan tasavirran käyttö kotona on hyvä idea. Täytyy kuitenkin muistaa, että vaikka tasavirta itse ei yleensä aiheuta ihmiselle suurta terveyshaittaa, tasavirralla toimivat laitteet voivat silti haitata terveyttä. Se johtuu siitä, että monessa nykylaitteessa syntyy muuttuvia magneettikenttiä jopa silloin, kun laite (matkapuhelin, tietokone, televisio jne.) toimii tasavirralla. Lisäksi kannattaa mainita erikseen ne laitteet, joissa on tasavirralla toimiva moottori. Niiden yhteydessä voi syntyä suuria muuttuvia matalataajuisia magneettikenttiä. Esimerkiksi tasavirralla toimivasta parranajokoneesta vuotaa paljon muuttuvia magneettikenttiä (likaisia kenttiä).

Toivomme kuitenkin, että jo lähitulevaisuudessa tekninen kehitys antaa taloudellista etua tasavirralle, joka sitten palaa jokaiseen kotiin.

Likainen sähkö ja likainen säteily

Ei ole tarkkaa määritelmää siitä, mitä likainen sähkö (Dirty Electricity) on. Se voitaisiin määritellä esimerkiksi sellaiseksi sähköksi, jonka taajuus on muu kuin 50 Hz

(Euroopassa). Usein määritellään, että likaisen sähkön taajuus on yli 100 Hz.

Joskus puhutaan transienteista, korkeataajuisista häiriöistä ja häiriöpiikeistä sähköverkossa, vaikka ne kaikki kuuluvat likaisen sähkön käsitteeseen. Näin on tehty esimerkiksi kirjassa (1) sivuilla 195, 196 ja 242–245. Sieltä löytyy myös useita ammatillisia suosituksia.

Miksi likainen sähkö voi olla haitallisempaa kuin tavallinen, puhdas 50 Hz:n sähkö? Ensinnäkin ihmisen terveyden kannalta olisi parempi puhua likaisesta säteilystä tai likaisesta kentästä. Likainen sähkö ei nimittäin yleensä vaikuta välittömästi ihmiseen. Tavallisesti sähköverkon likainen sähkö synnyttää likaista säteilyä ympäristöön, muun muassa ihmisen kehoon, ja tämä säteily indusoi ihmisen kehossa terveydelle haitallista virtaa. Näin ollen ihmiselle on haitallista juuri likainen säteily, kun taas laitteille voi olla haitallista sekä välitön sähköverkon likainen sähkö että ympäristön likainen säteily. Pääsyynä likaisen säteilyn haitallisuuteen on se, että mitä korkeampi säteilyn taajuus on, sitä suurempi virta on kehossa (ainakin muutamaan kilohertsiin saakka). Viralliset raja-arvot vahvistavat asian: mitä korkeampi taajuus, sitä matalampi sallittu raja-arvo (ks. taulukko).

Taajuus Hz	**Sähkökentän voimakkuus V/m**	**Magneettivuon tiheys µT**
50	5 000	200 (100 - entinen raja-arvo)
3 000	83	27

Niinpä jopa hyvin heikko korkeataajuinen likainen säteily (esim. 3–100 kHz) voi olla haitallisempaa kuin vahva puhdas 50 Hz:n säteily. Toinen tärkeä päätelmä on, että jos sähköverkosta ei vuoda likaista säteilyä, niin sähköverkon likainen sähkö on haitatonta ihmiselle.

Likaisen säteilyn taajuus voi olla myös paljon korkeampi kuin 50 Hz, esimerkiksi kymmeniä kilohertsejä, kun käytetään hakkuriteholähteitä ja/tai CFL-lamppuja. Jos käytetään CFL-lamppuja, likainen säteily sisältää myös UV-säteilyä (taajuus jopa yli 790 THz). Joskus UV-säteilyn voimakkuus CFL-lampusta voi ylittää viralliset normit.

Valitettavasti myös CFL-lampusta aiheutuvan likaisen sähkökentän voimakkuus voi ylittää raja-arvo. CFL-lampusta tulee siis yhtä hyödyllistä säteilyä (näkyvää valoa) ja ainakin kahta likaista säteilyä, jotka ovat joskus hyvin haitallisia. CFL-lampun tapauksessa likainen UV-säteily vuotaa ympäristöön lähes kokonaan (sähköverkossa on vain merkityksetöntä vastaavaa likaista sähköä).

Nykyään kodeissamme on hyvin paljon sähköllä toimivia laitteita, joista tulee likaista sähköä ja likaista säteilyä. Niitä ovat muun muassa jääkaapit, pakastimet, pesukoneet, invertterit, tietokoneet, televisiot, mikroaaltouunit, induktioliedet, muuntajat, laturit, himmentimet, reitittimet, musiikkikeskukset, digiboksit ja etäluettavat sähkömittarit.

On huono asia, jos kodin sähköverkossa siirretään tietoja sähkönkulutuksesta korkeataajuuksien avulla (PLC-tekniikka), koska signaali katsotaan likaiseksi sähköksi. Likaisen sähkön poistamiseksi asennettu suodatin voi siis samalla lopettaa sähkömittarin toiminnan. Sama koskee tilannetta, jossa internetin signaaleja siirretään kodissa sähköverkon kautta.

Mitä tehdä, jotta likaisen sähkön ja likaisen säteilyn haitalliset vaikutukset pienentyisivät? Moni valmistaja ehdottaa pistorasioiden jännitteiden mittaamista ja suodattimien asentamista pistorasioihin. Joskus valmistajat suosittelevat myös suodattimen asentamista aivan sulaketaulun viereen, jotta koko asunto olisi suojassa ulkoiselta likaiselta sähköltä. Sitä ennen kaikki kodin sähkölaitteet kannattaisi kuitenkin irrottaa pistorasioista. Näin voidaan selvittää, tuleeko likainen sähkö kotiin ulkoisesta sähköverkosta. Suomessa tarjotaan kuluttajille yleensä melko puhdasta sähköä, mutta silti se kannattaa tarkastaa.

Joskus jokin voimakkaasti säteilevä laite suositellaan korvattavaksi vähemmän säteilevällä laitteella (esimerkiksi *"poista CLF-lamppu ja käytä led-lamppua"*). Jos se ei ole mahdollista, voidaan ehdottaa suodattimen (Mains Filter Strip) asentamista säteilevään laitteeseen. Valmistajat kuitenkin ymmärtävät, että joskus suodattimet eivät auta, ja siksi ne saattavat ensin ehdottaa suodattimien lainaamista.

Tähän voisi lisätä, että kannattaa valita suodatin, joka pienentää sekä symmetrisiä että epäsymmetrisiä virtoja. Sen tulisi myös pienentää likaisia virtoja mahdollisimman paljon – toisin sanoen suodattimen pitää vaimentaa likaisia signaaleja mahdollisimman laajassa taajuuskaistassa. Paljon riippuu kuitenkin likaisesta sähköstä, ja tosielämässä voi ehkä käyttää myös halpaa suodatinta.

Internetistä löytyy paljon suodatinvaihtoehtoja hakusanoilla **dirty electricity**. Voit myös pyytää ammattilaista asentamaan suodattimen sulaketaulun viereen. Valitettavasti suodattimen asentaminen on kuitenkin joskus kallista ja turhaa, vaikka likainen sähkö sähköverkossa pieneneekin. Näin tapahtuu, jos likaista säteilyä ei saada pois sähköverkosta. Toinen hyvin mahdollinen ilmiö on, että likaista säteilyä vuotaakin suoraan jostakin laitteesta. Siinäkin tapauksessa suodatin voi olla terveyden näkökulmasta hyödytön.

Yleisesti ottaen koti kannattaa suojata likaiselta säteilyltä samalla, kun se suojataan muulta haitalliselta korkeataajuiselta säteilyltä (esim. tukiasemista ja wlanista tulevalta) sekä 50 Hz:n säteilyltä. Likaista sähköä syntyy nimittäin usein silloin, jos 50 Hz:n sähkö on päällä. Likaisia kenttiä kannattaa etsiä oleskelupaikoista säteilymittarilla.

Hyvä suojaus perustuu lähes aina säteilytasojen mittaamiseen. Siksi mittareiden valinta on tärkeä tekijä. Koska elämme tällä hetkellä hyvin altistavassa ympäristössä, jokaisen perheen kannattaisi hankkia perusmittarit. Miksi? Toki ammattilaisen käynti paikan päällä, konsultaatio ja mittaukset voivat olla tärkeitä, mikäli pitää arvioida vaikkapa tutkasäteilyn tai likaisen sähkön tasoa. Ongelmana on kuitenkin se, että mittauskäynnin aikana ilmenee vain senhetkinen säteilytaso. Jälkeenpäin voi tulla ikäviä yllätyksiä, jos esim. naapuri kytkee hankkimansa uuden, voimakkaasti säteilevän laitteen (wifireitittimen, 3G- tai 4G-modeemin, mikroaaltouunin tms.) päälle ja säteilytilanne muuttuu.

Joskus kodin läheisyyteen asennetun matkapuhelinmaston säteily voi huonontaa tilannetta merkittävästi. Myös naapurin pesukone, televisio, laturi pistorasiassa (jopa ilman ladattavaa laitetta) yms. voivat aiheuttaa terveyshaittoja laitteiden magneettikenttien kautta.

Oma mittari tarvitaan myös esimerkiksi silloin, kun kävellään kadulla lapsen kanssa. Usein asfaltin alle on asennettu sähkökaapeli, joka voi muodostaa haitallista magneettikenttää. Jo edellä mainituista syistä kannattaa aika ajoin tarkastaa säteilytilanne omilla mittareilla, jotta voi ryhtyä tarvittaviin toimenpiteisiin välittömästi.

Käyttämällä kuvahaussa hakusanoja **handheld field strength meter** voi nähdä, kuinka paljon kannettavia mittareita on olemassa. Monet niistä voivat olla hyödyllisiä sähkömagneettisen säteilyn mittauksessa. Hakua kannattaa kuitenkin rajata, koska tämä luku on suunnattu ensisijaisesti tavallisille ihmisille, jotka haluavat vaikuttaa kotinsa säteilyhaittoihin.

Mittauslaitteen pitäisi olla helppokäyttöinen ja verrattain halpa. Sen tulisi pystyä mittaamaan jo hyvin alhaisia säteilytasoja – sellaisia, jotka kokemustemme mukaan saattavat aiheuttaa terveyshaittoja sähköherkille. Mittarin pitäisi mitata sekä pulssimaista että jatkuvaa säteilyä.

Emme välttämättä tarvitse laitetta, joka pystyy mittaamaan hyvin voimakkaita kenttiä, koska niitä löytyy oleskelupaikoistamme harvoin (ei koske matkapuhelinta). Lisäksi laitteen hinta nousisi tällöin merkittävästi. On kuitenkin hyvä muistaa, että suhteellisen voimakkaita kenttiä voi syntyä paitsi matkapuhelimen myös reitittimen/modeemin vieressä jopa metrin etäisyydellä. Heikkojenkin taustakenttien selvittämiseksi kodin tai työpisteen omat laitteet kannattaa kytkeä pois päältä.

Kodin laitteiden säteilyä on hyvä mitata muutaman metrin etäisyydeltä, jotta mittari ei mene rikki. Etäisyys voimakkaasti säteilevästä laitteesta voi toki olla esimerkiksi 30 cm, jos mittari mittaa myös hyvin voimakkaita kenttiä. Mittarissa ei välttämättä tarvitse olla 3D- tai datan keräyksen ominaisuuksia.

Säteilymittarit voidaan luokitella terveysvaikutusten näkökulmasta seuraavalla tavalla:

Ryhmä 1: mittauslaitteet, jotka mittaavat matalataajuisia sähkö- ja magneettikenttiä, taajuusalue 1 Hz–30 MHz.

Ryhmä 2: mittauslaitteet, jotka mittaavat korkeataajuisia sähkömagneettisia kenttiä (joskus puhutaan mm. radiotaajuisista kentistä), taajuusalue 1 MHz–300 GHz.

Myös mittauslaitteiden valmistajat luokittelevat mittarit usein tähän tapaan. On tärkeää, että käyttäjä ymmärtää, mitä hän mittaa. Matalataajuiset kentät voivat indusoida ihmisen kehoon heikkoja sähkövirtoja vaikka eivät lämmittäisikään kudoksia. Voimakkaat korkeataajuiset sähkömagneettiset kentät taas pääosin lämmittävät kudoksia. Kaikki tiedemiehet ovat tästä samaa mieltä. Sen sijaan kysymys siitä, kuinka pitkäaikainen altistus alhaisilla tehotiheyksillä vaikuttaa terveyteen, jakaa tiedeyhteisöä.

Markkinoilta löytyy myös yksinkertaisia mittauslaitteita, jotka mittaavat esimerkiksi vain 50 Hz:n magneettikenttää. Toisaalta on myös olemassa mittauslaitteita, jotka koostuvat monesta mittarista. Tuollaisella laitteella pystytään mittaamaan esimerkiksi sekä matalataajuista sähkö- ja magneettikenttää että korkeataajuisia sähkömagneettisia kenttiä.

Niinpä kannattaakin tehdä lisäluokitus.

Jotkut mittarit pystyvät mittaamaan vain kokonaisarvoa kaikilta kentiltä mittarin koko taajuusalueella. Tällöin ei yleensä puhuta eri taajuuksista. Laitteen voisi luokitella kategoriaan, joka ei täytä spektrianalysaattorin vaatimuksia (ryhmät 1.1 ja 2.1).

On myös olemassa mittauslaitteita, jotka pystyvät näyttämään mittausarvoja ja taajuuksia mittauslaitteen eri taajuusalueilta. Tällöin puhutaan laitteesta, jossa on spektrianalysaattorin ominaisuuksia (ryhmät 1.2 ja 2.2). Tällaista laitetta voidaan kutsua lyhyesti spektrianalysaattoriksi. Täytyy toki muistaa, että todellisuudessa mittari koostuu spektrianalysaattorista ja vastaavasta anturista (esim. antennista). Radiovastaanotin (selektiivinen volttimittari) voi joskus korvata spektrianalysaattorin mittarissa. Yleensä tällainen tekniikka on melko kallista ja kuuluu vain ammattikäyttöön.

Markkinoille on ilmestynyt edullisia säteilymittareita, joissa on spektrianalysaattorin ominaisuuksia. Esimerkiksi HFE35C + FF6E -järjestelmä (https://www.gigahertz-solutions.de/en/) kuuluu ryhmään 2.1, mutta se pystyy mittaamaan erikseen korkeataajuisia kenttiä (wlan, GSM, UMTS, DECT yms.) taajuussuodattimen avulla.

Mittari Cornet MD18 (http://www.cornetmicro.com/) voi mitata radiotaajuista säteilyä taajuusalueella 100–8 000 MHz (GSM, 3G, 4G, 5G Virve, digitelevisio, wlan, langaton kotipuhelin DECT, osa tutkista, mikroaaltouuni yms.). Tämäkin laite kuuluu ryhmään 2.1, mutta se ilmaisee myös mitattavan taajuuden alueella 100–2 400 MHz silloin, kun signaali on voimakas.

Mittauslaite ME3951A (https://www.gigahertz-solutions.de/en/) kuuluu ryhmään 1.1. Siinä on kuitenkin AC-liitäntä spektrianalysaattorille. Tämä mittari voi siis toimia anturina ja yhdessä ulkoisen spektrianalysaattorin kanssa voisi ehdottomasti kuulua ryhmään 1.2. Tämän lisäksi mittaustaajuusalueita on neljä: 5–400 000 Hz, 16 Hz, 50–400 000 Hz ja 2 000–400 000 Hz. Täten esimerkiksi mittaustaajuusalue 2 000–400 000 Hz on hyvin sopiva likaisen sähkön vaikutusten mittaamiseen.

Likainen sähkö (taajuusalue 100 Hz–30 MHz) ja tavallinen 50 Hz:n sähkö kulkevat sähköjohdoissa. 50 Hz:n taajuinen perussähkö ei välttämättä aina muodosta haitallisia säteilyjä ympäristössämme. Mahdollisesta haitasta voidaan puhua vasta sitten, kun säteilyjä on seurattu pidempi aika asianmukaisella mittalaitteella. Mikäli niin sanottu likaisen sähkön mittari kytketään hetkellisesti pistorasiaan, ei vielä voida väittää, että sen osoittama likaisen sähkön arvo olisi haitallinen. Paras tapa mitata likaista sähköä on käyttää mittareita ryhmästä 1.2 ja suorittaa mittaus pitkäkestoisesti. Paras mittauslaite tässä on spektrianalysaattori, esim. Spectran NF-5030. Myös suodattimien vuokraaminen kokeilumielessä viikoksi tai pariksi voisi kannattaa. Näin selviäisi ilman pitkäaikaista mittausta, tarvitaanko likaisen sähkön ehkäiseviä suodattimia vai ei.

Seuraavassa on esitetty lähtökohtia ja suosituksia pitkäaikaisen säteilyn mittaamiseen (6, 7):

Joskus likaista säteilyä kutsutaan korkeataajuiseksi säteilyksi, koska sen taajuus on korkeampi kuin 50 Hz mutta harvoin ylittää 100 kHz (UV-säteily ja PLC-säteily ovat poikkeuksia). Oikeastaan likainen säteily on pääosin matalataajuista säteilyä, minkä vuoksi tehotiheyden mittauksia ei tarvitse tehdä. Sekä matalataajuinen sähkökenttä että matalataajuinen magneettikenttä tulee kuitenkin mitata.

Matalataajuisia kenttiä mitattaessa edullinen mittari ryhmästä 1.1 toimii riittävän hyvin. Tietokoneen tai loisteputkilamppujen säteilyn tai likaisen sähkön mittaamiseen on parempi valita mittari ryhmästä 1.2, koska säteilyn taajuudella on merkitystä suositeltavan enimmäisarvon voimakkuutta arvioitaessa.

Korkeataajuisiin mittauksiin kannattaa valita verrattain halpoja mittareita ryhmästä 2.1.

On hyvä huomioida, että suositusarvot ovat hyvin matalia erityisesti sähkökentän osalta. Mittareiden valmistajat eivät ole vielä ehtineet tarjota laitteita, jotka mittaisivat sähkökenttää esimerkiksi 0,005 V/m:n tasolla. Ehkä juuri tästä syystä sähköyliherkät saavat joskus oireita, vaikka mittari osoittaisi nollaa.

Valmistajien tulisi kuitenkin tarjota juuri meille sopivia laitteita. Mitä siis voisimme tehdä? Voisimme käyttää mittaria, joka mittaa 0,1–0,01 V/m. Mittaus tulisi tehdä säteilevän lähteen vieressä ja sen jälkeen laskea, kuinka kaukana meidän pitäisi olla siitä ja/tai yrittää jollakin keinoin pienentää säteilyä.

Tietysti voisimme myös valita vastaanottimen (esimerkiksi PI 4100, Potomac Instruments, Medium Wave Field Strength Meter 520 kHz–5.1 MHz, 22 µV/m–50 V/m, 14 975 $) ja suorittaa mittauksia, mutta se olisi hyvin kallis ratkaisu.

Valitettavasti on myös vaikea löytää sopivaa säteilymittaria, joka rekisteröisi yli 9 GHz:n taajuuksia. Nykyään vain harvat radiolinkeistä ja tutkista toimivat mainitulla taajuusalueella. Lähitulevaisuudessa 5G-tekniikka todennäköisesti vaatii hyvin paljon säteileviä antenneja ja päätelaitteita, jotka kykenevät hyödyntämään eri taajuusalueita. Niinpä olisi hyvä saada valmistajilta vastaavia mittareita kohtuullisella hinnalla.

Mittareiden valintaa voi helpottaa seuraava luettelo:

Perusmittauksiin:

Cornet ED-88TPlus mittaa radiotaajuista säteilyä taajuusalueella 100 MHz–8 GHz ja lisäksi matalataajuista sähkö- ja magneettikenttää, hinta noin 230 euroa, ryhmät 1.1 ja 2.1, ks. kuva.

CornetED88TPlus. Lähde: http://www.sahkoailmassa.fi/tuotteet/mittalaitteet

Cornet-mittarit voivat toimia monitorina (kannettava henkilökohtainen hälytin), koska niissä on sekä ääni- että led-valohälytin.

TriField Meter mittaa kaikkia säteilytyyppejä, hinta noin 150 dollaria, ryhmät 1.1 ja 2.1, ks. kuva.

Kuvassa TriField Meter osoittaa, että laturi tuottaa vahvan muuttuvan magneettikentän (10 µT) silloinkin, kun mitään laitetta ei ole latauksessa.

Mittari ME3030B mittaa sähkö- ja magneettikentän matalataajuusalueella 16 Hz–2 kHz, hinta noin 120 euroa (https://www.gigahertz-solutions.de/en/), ryhmä 1.1.

ESI 24 EMF Monitor toimii vain monitorina kaikkien kenttien yhteydessä, hinta noin 280 dollaria, ryhmät 1.1 ja 2.1 (http://www.lessemf.com/emf-mete.html).

Jos haluaa mitata heikkoa säteilyä ja saada siitä enemmän tietoa, seuraavista mittareista voi olla apua:

ME3951A mittaa sähkö- ja magneettikentän matalataajuusalueella 2 000–400 000 Hz, sähkökenttä 0,1–1 999 V/m, magneettikenttä 0,1–1 999 nT, hinta noin 680 €, ryhmä 1.1 (https://www.gigahertz-solutions.de/en/).

HFE35C (hinta noin 750 €) + FF6E (hinta noin 650 €) -järjestelmä sallii säteilyn mittaamisen erikseen säteileviltä lähteiltä taajuusalueella 27 MHz–3,3 GHz, ryhmä 2.1 (https://www.gigahertz-solutions.de/en/).

Spectran NF-5030 voi mitata matalataajuisia kenttiä erikseen taajuusalueella 1 Hz–30 MHz, sähkökenttä 0,1–5 000 V/m, magneettikenttä 0,001–500 000 nT, hinta noin 1 000 euroa, lähinnä ammattikäyttöön, ryhmä 1.2 (http://www.aaronia.com).

Spectran HF-60100 V4 mittaa korkeataajuisia sähkömagneettisia kenttiä erikseen taajuusalueella 9 kHz–9,4 GHz, hinta noin 1 500 euroa, lähinnä ammattikäyttöön, ryhmä 2.2 (http://www.aaronia.com/).

Spectran HF-80200 V5 mittaa korkeataajuisia sähkömagneettisia kenttiä erikseen taajuusalueella 9 kHz–20 GHz, hinta 10 998 euroa, lähinnä ammattikäyttöön, ryhmä 2.2 (http://www.aaronia.com/). Vaikka laite on melko korkeataajuinen, se ei voi mitata millimetriaaltojen tehotiheyttä 5G-taajuusalueella.

E62, Coliy Technology. Laite voi mitata matalataajuisia kenttiä erikseen taajuusalueella 1 Hz–30 MHz, sähkökenttä 0,01–100 000 V/m, magneettikenttä 1–500 000 nT, hinta noin 5 000 dollaria, lähinnä ammattikäyttöön, ryhmä 1.2 (http://www.directindustry.com/prod/coliy-technology-gmbh/product-83131-1683473.html).

E73, Coliy Technology, mittaa korkeataajuisia sähkömagneettisia kenttiä erikseen taajuusalueella 1 MHz–18 GHz, hinta noin 8 000 dollaria, lähinnä ammattikäyttöön, ryhmä 2.2 (http://www.directindustry.com/prod/coliy-technology-gmbh/product-83131-1683473.html).

Electromagnetic Field Intensity Analyzer E300, Coliy Technology, magneettikenttä DC–35 MHz, 0,5 nT–10 mT, sähkökenttä 1 Hz–60 GHz, 0,01 V/m–110 kV/m, korkeataajuinen säteily 0,1 $\mu W/m^2$–30 mW/m^2, mittaa myös ionisoivaa säteilyä, hinta noin 6 500 dollaria, lähinnä ammattikäyttöön, ryhmät 1.1 ja 2.1.

Toki ensin kannattaa tarkastaa, tuleeko kotiin likaista säteilyä. Mittaukset tulee siis tehdä, kun kaikki kodin laitteet on suljettu. Jos ulkoista likaista säteilyä ilmenee, kannattaa asentaa suodatin ja/tai ryhtyä muihin suojatoimenpiteisiin.

Sen jälkeen kodin laitteita voi kytkeä päälle vuorotellen ja mitata likaisia kenttiä. Voi olla, että suojatoimenpiteille, apulaitteille ja apuvälineille on tarvetta. Sellaisia ovat muun muassa suodattimet, hyvä maadoitus, tasavirran käyttö, releet, rautapeltiset suojakotelot, ulkoiset suojakankaat, suojamaalit, suojatut tapetit, näppäimistöt ja hiiret. Likainen säteily pienenee toki myös silloin, jos oleskelupaikkaa siirretään kauemmaksi säteilevästä lähteestä ja sähköverkon johdoista.

Joskus kannattaa korvata voimakkaasti säteilevä laite vähän säteilevällä laitteella. Suodattimien käyttö on erityisesti likaiselle säteilylle soveltuva keino. Muut säteilyn pienentämisen keinot toimivat sekä likaisen säteilyn että muun haitallisen säteilyn suhteen.

Lähteissämme kerrotaan vieläkin enemmän mittareiden valinnasta (6,7). Markkinoilta löytyy myös paljon henkilökohtaisia mittareita (Personal Portable Exposure Meters). Niitä pidetään kehon vieressä ja näin muka mitataan pitkäkestoinen altistus. Tuollaisen mittarin avulla voidaan arvioida matalataajuisen magneettikentän altistus esimerkiksi epidemiologista tutkimusta varten. Matalataajuisen sähkökentän ja korkeataajuisen sähkömagneettisen säteilyn pitkäkestoista altistusta ei tuollaisella mittarilla kuitenkaan voida arvioida tarkasti, koska altistukset riippuvat niin paljon kunkin kehosta ja säteilyn suunnasta.

Palovaroittimet

Palovaroitin on paloturvallisuuslaite, joka reagoi ilmassa olevaan savuun voimakkaalla hälytysäänellä tai välkehtivällä valolla. Useimmat varoittimet toimivat joko optisen tarkkailun, ionisaation tai molempien avulla. Yleisesti kotitalouksissa käytettävät palohälyttimet perustuvat tulipalossa syntyvien hiukkasten havaitsemiseen. Hälytin voi perustua myös lämmön, infrapunasäteilyn tai palokaasujen havaitsemiseen.

Tavalliset palovaroittimet eivät tunnista häkää (hiilimonoksidia). Markkinoilla on myös nestekaasun tunnistavia ja yhdistettyjä palo-hiilimonoksidivaroittimia. Hiukkasten havaitseminen ionisoivassa palovaroittimessa perustuu sen sisältämään heikkoon, noin 40 kBq:n amerikium-241-alfasäteilyn lähteeseen. Alfasäteily on ionisoivaa säteilyä. Palovaroittimessa säteilylähteen lähellä on pieni ilmarako, jossa oleva ilma ionisoituu säteilyn vaikutuksesta ja muuttuu heikosti sähköä johtavaksi. Sen vaikutuksesta ilmaraon kautta kulkee heikko sähkövirta. Savu sisältää pienhiukkasia, jotka ilmarakoon kulkeutuessaan sitovat osan ilman ioneista, jolloin kammiossa kulkeva heikko sähkövirta häiriintyy. Sähkövirtaa kuljettavien ilmaionien määrä siis pienenee pienhiukkasten vaikutuksesta, jolloin sähkönjohtavuus ilmaraossa laskee. Silloin palovaroitin laukaisee hälytyksen.

Optiset palovaroittimet havaitsevat savun sen sisältämän noen ja muiden pienten, ilmassa leijuvien partikkeleiden perusteella. Niiden pahin heikkous on herkkyys ilman epäpuhtauksille, mistä saattaa seurata aiheettomia hälytyksiä (8).

Monia kiinnostaa, voiko palovaroitin olla terveyshaitta. STUK vastaa näin (9): *"Palovaroittimissa on useimmiten pieni määrä amerikium-241:tä, joka on eristetty teräksisen kammion sisään. Palovaroittimen säteilystä ei ole ihmiselle haittaa, koska radioaktiivista ainetta on vähän ja se on teräskuoren sisällä suojassa."* On kuitenkin hyvä tietää, että alfasäteily ulottuu jopa 8 cm:n etäisyydelle, eli ionisoiva palovaroitin voi joissakin tilanteissa olla ihmiselle haitallinen. Useissa maissa ionisoivan palovaroittimen käyttö asuinrakennuksissa on kielletty, eikä sitä voikaan suositella (10).

Optinen palovaroitin on ihmiselle vaaraton.

Niin sanotut älykkäät palovaroittimet taas voivat olla ihmiselle haitallisia käyttämiensä langattomien tiedonsiirtotapojen vuoksi. Usein älypalovaroittimissa älykkyys tarkoittaa useamman palovaroittimen yhdistymistä wifiverkon kautta, jolloin kaikki järjestelmään kytketyt hälyttimet alkavat hälyttää jonkin varoittimista havaitessa savua tai hiilimonoksidia. Lisäksi palovaroittimen voi yhdistää myös valvontakameraan, jolloin palohälytys aktivoi kameran kuvaamaan. Palovaroittimen aktivoitumisesta saa halutessaan ilmoituksen myös omaan älypuhelimeensa ja/tai hätäkeskukseen.

Erityisesti sähköherkälle on hankalaa, jos jokin wifireititin on päällä jatkuvasti, koska silloin se lähettää jatkuvasti radiotaajuisia signaaleja. Langallinen palovaroitinjärjestelmä on suositettavampi. Langattomiakin palovaroittimia voi kyllä käyttää, jos palovaroitin käyttää langatonta yhteyttä mobiiliverkkoon vain aktivoituessaan hätätilanteessa. Kannattaa selvittää palovaroittimen ja/tai laajan palohälytysjärjestelmän toimintaperiaate alan ammattilaiselta huolellisesti ennen ostopäätöstä.

Virtuaalitodellisuuslasit

Tässä arvioidaan vain sellaisia virtuaalitodellisuuslaseja (VR-laseja), jotka toimivat älypuhelimien kanssa. Ne ovat yleensä paljon halvempia kuin virtuaalitodellisuuslasit, jotka kiinnitetään tietokoneeseen kaapelilla.

Terveyden näkökulmasta emme valitettavasti voi suositella näitä halpoja laseja, koska ne laitetaan silmille ja älypuhelin liitetään niihin. Tilanne on lähes samanlainen kuin jos ihminen pitäisi älypuhelintaan korvallaan ja puhuisi mobiilidatapuhelua (ks. Luku 4. Matkapuhelimet). Oikeastaan tilanne voi olla vielä pahempikin, koska VR-lasien käyttökerta on tavallisesti paljon pidempi kuin puhelu.

Tutkijat ovat laskeneet teoreettisesti sähkökentän voimakkuuden silmien alueella seuraavasti (11): 137,3 V/m–900 MHz (3G), 8,62 V/m–2,6 GHz (4G) ja 94,43 V/m–28 GHz (5G). Vaikka tutkijat eivät ottaneet huomioon mahdollista resonanssia, tulokset (137,3 V/m ja 94,43 V/m) osoittivat, että viralliset raja-arvot ylittyivät. Joku voi vähätellä asiaa sanomalla, että harva ihminen käyttää VR-laseja.

Monen tutkijan mielestä kuitenkin lähitulevaisuudessa tulevat laajaan käyttöön AR-lasit, jotka hyödyntävät 5G-verkkoa ja pilvipalveluja. AR (Augmented Reality) tarkoittaa lisättyä todellisuutta, ja AR-lasit tuovatkin lisätyn todellisuuden käyttäjän silmien eteen. Osa tutkijoista jopa ennustaa, että AR-lasit korvaavat tulevaisuudessa älypuhelimet. Jos näin tapahtuu ja AR-lasien altistus on samaa luokkaa kuin VR-lasien (94,43 V/m–28 GHz), enemmistö väestöstä saa lähiaikoina vaarallisia laitteita pitkäaikaiseen käyttöön.

---

1. Tamminen E., Rekula P., Juusela M. Sähköä ilmassa. 2015.
2. Summary of Data Reported and Evaluation. http://monographs.iarc.fr/ENG/Monographs/vol80/mono80-6E.pdf, 2002.
3. Resolution 1815, Parliamentary Assembly, Council of Europe. http://assembly.coe.int/nw/xml/XRef/Xref-XML2HTML-en.asp?fileid=17994&, 27.5.2011.
4. Sosiaali- ja terveysministeriön asetus ionisoimattoman säteilyn väestölle aiheuttaman altistuksen rajoittamisesta https://www.finlex.fi/fi/laki/alkup/2018/20181045, 22.11.2018.
5. Ostroumov G. Valitse turvalliset kuulokkeet. Sähköpostia, 2020/1.
6. Ostroumov G. Mittareiden valinta. Sähköpostia, 2016/2.
7. Ostroumov G. Likainen sähkö ja likainen säteily. Sähköpostia, 2017/3.
8. https://fi.wikipedia.org/wiki/Palovaroitin

9. http://www.stuk.fi/aiheet/kodin-ja-toimiston-sateilevat-laitteet/palovaroittimen-sateilysta-ei-haittaa

10. Ostroumov G. Voiko palovaroitin olla terveyshaitta? Sähköpostia, 2018/1.

11. Cvetkovic N, Krstic, D, Stankovic V, Jovanovic D. Electric field distribution and SAR inside a human eye exposed to VR glasses. IET Microwaves Antennas & Propagation. 12(14):2234-2240. DOI: 10.1049/iet-map.2018.5227. Nov 28, 2018.

Luku 10. Energiansäästölamppujen valitseminen

Energiansäästölamppujen valitsemiseen vaikuttaa moni asia. Kuten aina, tärkeintä on terveys, ja siitä näkökulmasta vertailemmekin nyt tavallisia energiansäästölamppuja (CFL-lamppuja) ja led-lamppuja.

CFL-lamppu

CFL-lampuilla on useita huonoja puolia: hidas syttyminen, huono valon laatu ja verrattain pieni energiansäästö. Lisäksi ne sisältävät elohopeaa eikä niiden keräilyä ole järjestetty kunnolla. CFL-lampusta lähtevä UV-säteily voi ylittää sallitut normit. Lisäksi CFL-lamppu voi olla vaarallinen korkean sähkökenttänsä takia.

Aiemmin on jo tutkittu muutaman ulkomaisen valmistajan pienitehoisia (7 ja 11 W) energiansäästölamppuja (1,2). Tutkimuksissa on havaittu, että sähkökentän voimakkuus ylittää Suomen normin 83 V/m jopa 35 cm:n etäisyydellä CFL-lampusta (3).

Näyttääkin siltä, että CFL-lampun ainoa hyvä puoli on verrattain matala hinta.

Led-lamppu

Hinta on sen sijaan led-lampun huono puoli – se on hieman korkeampi kuin CFL-lampun. Joskus väitetään, että led-lampusta tulee haitallista sinistä valoa. Nykyään on kuitenkin led-lamppuja, joissa on melko hyvä spektri (4). Kysy niistä lisää myyjältä. Voit valita led-lampun juuri sinulle sopivan spektrin mukaan (saatavana on useita värilämpötiloja). On mielenkiintoista, että parhaan spektrin valinta riippuu joskus jopa käyttäjän iästä.

Yleensä led-lampun sisällä on elektroninen virtalähde, joka muuttaa vaihtovirtaa tasavirraksi. Siksi led-lampusta vuotaa matalataajuisia magneettikenttiä. Mutta kuinka voimakkaita ne ovat?

Testattavana oli led-lamppu 1333G7 6,3 W, jonka hinta oli vain vähän korkeampi kuin vastaavan CFL-lampun. Magneettikenttä ei ylittänyt 0,02 µT (taustasäteilyn taso) 35 cm:n etäisyydellä led-lampusta. 11 cm:n etäisyydellä koko kenttä oli 0,3 µT. Se koostui taajuuksilla 100, 200, 300, 400, 500 Hz... olleista kentistä. Mikään kenttä ei ylittänyt 0,03 µT.

Tuollaisen led-lampun (etäisyys yli 35 cm) magneettikenttä on siis käytännössä merkityksetön. Myös sähkökentät olivat paljon heikompia kuin sallittu raja. Ledlampulla on paljon hyviä puolia: nopea syttyminen, se säästää paljon energiaa, monipuoliset himmennysmahdollisuudet ja pitkä elinikä. Se ei myöskään aiheuta UV-säteilyä eikä sisällä elohopeaa. Lisäksi led-lamput voivat tulevaisuudessa siirtää myös dataa hyvin nopeasti Li-Fi-tekniikalla.

Hyvin tärkeä parametri kaikille lampuille on valojen välkkyminen. Valo voi välkkyä hyvin nopeasti niin, ettei ihminen näe välkkymistä. Välkkymistä kuitenkin on, ja se vaikuttaa negatiivisesti terveyteen. Mitä pienempi välkkymiskerroin on, sitä parempi on valon laatu. Normaalissa valaistuksessa kertoimen ei tulisi ylittää 5–10 prosenttia. Hehkulampun kerroin ei yleensä ylitä 13–18 prosenttia. CFL-lampun kerroin puolestaan voi ylittää 20 prosenttia. Led-lampun kerroin taas ei yleensä ylitä yhtäkään prosenttia. CFL-lampun ja led-lampun kertoimet riippuvat kuitenkin sisäänrakennetuista teholähteistä. Tästäkin asiasta valoherkän kannattaa siis kysyä myyjältä.

Tasavirralla toimivasta led-lampusta ei tule juuri lainkaan magneettikenttää eikä sähkökenttää. Täten tasavirran käyttö juuri led-lampuissa olisi hyödyllisintä terveyden, talouden ja ympäristön näkökulmasta.

Tasavirran jännitteen voi saada monella tavalla. Tässä yhteydessä voisi mainita PoE (Power over Ethernet)-tekniikan, joka antaa mahdollisuuden tuoda 48 V:n tasavirran jännitteen Ethernet-kaapelin avulla.

Suosittelemme siis led-lampun valitsemista.

---

1. Ostroumov G., Jansson E. Energiansäästölamput ja terveys. Verkkoapila, 14.9.2009.
2. Ostroumov G. Major scandals related to EMF. http://www.buergerwelle.de:8080/helma/twoday/bwnews/stories/3971/, 27.5.2012.
3. Sosiaali- ja terveysministeriön asetus ionisoimattoman säteilyn väestölle aiheuttaman altistuksen rajoittamisesta https://www.finlex.fi/fi/laki/alkup/2018/20181045, 22.11.2018.
4. SunLike. http://www.seoulsemicon.com/en/technology/Sunlike/

Luku 11. Etäluettava sähkömittari

Etäluettava sähkömittari (myös älymittari, kaukoluettava sähkömittari, Smart Meter) on digitaalinen sähkömittari, jonka avulla kaikki tieto sähkönkulutuksesta välittyy sähkönkäyttöpaikan ja sähköverkkoyhtiön välillä hyvin nopeasti digitaalisessa muodossa.

Voiko se olla haitallinen ihmiselle? Aihe on ajankohtainen – siitä puhutaan paljonkin Suomen mediassa ja keskustellaan muun muassa sähköyliherkkien foorumeilla. Aiheesta löytää tietoa myös kirjassa (1) sivuilta 303–310.

Ensisijaisesti pitäisi ymmärtää, että mahdollista haittaa voi tulla sekä digitaalisesta sähkömittarista että keskittimestä ja lisäksi erilaisista kaapeleista – toisin sanoen koko järjestelmästä.

STUK kuvailee järjestelmiä näin (2): *"Kaupunki- ja esikaupunkialueilla sähkömittarit muodostavat yleensä noin sadan laitteen mittausverkoston, jonka sähkönkulutustiedot lähetetään keskittimeltä sähköyhtiölle matkapuhelinverkon välityksellä. Tiedonsiirto mittareiden ja keskittimen välillä hoidetaan langattomasti, sähköverkon välityksellä (PLC-yhteys) tai tiedonsiirtoväylää pitkin. Langattomaan tiedonsiirtoon voidaan käyttää erilaisia lyhyen kantaman radiotekniikoita. Tiedonsiirtoväylää voidaan käyttää kohteissa, joissa mittarit ovat lähellä toisiaan, kuten kerrostalojen sähkötiloissa. Haja-asutusalueilla mittausverkostoon kuuluu vain muutama keskittimeen kytketty sähkömittari tai yksittäisen asunnon etäluettava mittari lähettää sähkönkulutustiedot suoraan sähköyhtiölle matkapuhelinverkon välityksellä."*

Sähkönkulutustietoja voisi kyllä lähettää keskittimeltä sähköyhtiölle myös PLC-tekniikan avulla, radiotaajuuksilla, satelliittien välityksellä tai internetin kautta. Tällä hetkellä käytetään laajalti matkapuhelinverkkoja ja internetyhteyttä (TCP/IP, Transmission Control Protocol / Internet Protocol). Molemmat menetelmät ovat kilpailukykyisiä.

Nykyään internetyhteys toimii lähes kaikkialla, mikä merkitsisi monessa tapauksessa, että keskittimiä ei tarvitsisi käyttää. Tämä voisi olla taloudellisesti hyvin kannattavaa. Ja jos yhteys internetiin on langallinen, järjestelmä ei edes säteile merkittävästi. Tämä olisi monelle sähköherkälle hyvä vaihtoehto. Suomessa tällaista mahdollisuutta ei kuitenkaan käytetä laajasti. Miksei? Sähköyhtiö tarjoaa asiakkaalleen usein mahdollisuuden seurata omaa sähkönkulutustaan ajantasaisesti juuri internetin kautta. Samanaikaisesti yhtiö valitettavasti kuitenkin sijoittaa säteileviä laitteita asiakkaiden koteihin sähkönkulutuksen seuraamiseksi.

STUK kertoo, että Suomessa nykyisin käytettävä etäluettava sähkömittarijärjestelmä on haitaton ihmiselle (2): *"Etäluettavien mittareiden tiedot lähetetään keskittimeltä sähköyhtiölle tekstiviestin tyyppisenä lähetteenä yleensä kerran tunnissa tai kerran vuorokaudessa. Lähetysajat ovat muutamia sekunteja kerrallaan, ja suurin lähetysteho on yleensä 1 W eli samansuuruinen kuin matkapuhelimella.*

Langattomassa tiedonsiirrossa mittareilta keskittimelle käytetään enintään 50 mW:n lähetystehoa. Sekä keskitin että yksittäiset sähkömittarit säteilevät vain lähettäessään tietoa. Keskittimen lähettämän säteilyn määrä on verrattavissa tilanteeseen, jossa matkapuhelimella lähetetään tekstiviesti.

Yksittäisen mittarin lähettämän säteilyn määrä on vielä huomattavasti tätä pienempi. Sähkömittari sijaitsee joko kellarissa, teknisessä tilassa tai asuinhuoneistossa seinällä, joten sen aiheuttama altistuminen on lähetyksen hetkelläkin paljon vähäisempää kuin kehon lähellä pidettävän matkapuhelimen. Jo 30 cm:n etäisyys mittarista vaimentaa säteilyn sadanteen osaan.

Etäluettavan sähkömittarin säteilystä ei tarvitse olla huolissaan. On jonkin verran tapauksia, joissa etäluettavan mittarin ja keskittimen välinen PLC-yhteys on aiheuttanut häiriöitä joihinkin sähkölaitteisiin, esimerkiksi valojen himmennyskatkaisimiin. Tämä ei aiheuta ylimääräistä altistusta radiotaajuiselle säteilylle tai magneettikentille, vaan kyseessä on sähkölaitteiden yhteensopivuuteen liittyvä ongelma."

Siitäkin huolimatta olemme huolissamme etäluettavan sähkömittarin säteilystä monesta syystä.

Hälyttäviä tietoja Yhdysvalloista

Tästä säteilystä olisi hyvä saada lisätietoja Kaliforniasta, sillä siellä monet ihmiset ovat erittäin huolestuneita ionisoimattomasta säteilystä (3). Siellä

- asennetaan etäluettava mittari jopa kodin sisätilaan
- etäluettavan antennin vahvistus on joskus 4, jolloin altistus vastaavasti nousee nelinkertaiseksi
- etäluettavalla mittarilla voi olla lisäksi yksi lisälähetin (teholtaan 0,25 W), joka lähettää dataa joillekin kodin laitteille taajuudella 2,4 GHz
- etäluettava mittari voi säteillä esimerkiksi 5 prosenttia ajasta eli 72 min/vrk, jolloin säteilyn kesto olisi jopa

50–100 prosenttia; viitteen (4) mukaan etäluettava mittari säteilee tavallisesti 9 000–170 000 kertaa päivässä (Maine, Yhdysvallat)

- tavallinen altistus etäluettavan mittarin säteilylle kodin sisällä voi olla 10 000 µW/m^2 (vaikka etäluettava mittari olisi talon ulkopuolella) ja asunnon ulkopuolella taas jopa 400 000 µW/m^2 noin metrin päässä mittarista (5).

Kommenttejamme ja suosituksiamme

On selvää, että etäluettava sähkömittari voi olla haitallinen ja jopa vaarallinen varsinkin, jos ihminen joutuu oleskelemaan sen lähellä pitkään ja jos mittari myös säteilee pitkään.

Entä Suomessa? Saavatko sähköyhtiöt tietoja vain kerran tunnissa tai vuorokaudessa? Sähköyhtiöt kuitenkin markkinoivat mittarivaihtoa mainoslauseella: "Näet reaaliaikaisen sähkönkulutuksesi tietokoneeltasi." Näkeehän sen myös vanhasta sähkömittarista ja jokaisen laitteen arvokilvestä (6).

Entä lähitulevaisuudessa? Mielestämme Suomen tilanne muistuttaa Mainen osavaltion tilannetta. Emme ole niin naiiveja, että uskoisimme sähköyhtiöiden saavan tietoja vain kerran vuorokaudessa. Olisi hyvä, mikäli sähköyhtiöt kertoisivat asiakkailleen etäluettavien mittareiden ominaisuuksista. Olisi hyvä myös, jos STUK antaisi selkeän varoituksen etäluettavien mittareiden mahdollisista haitoista. Nyt STUK kirjoittaa: *"Jo 30 cm:n etäisyys mittarista vaimentaa säteilyn sadanteen osaan."* Onko se selvä varoitus? Mielestämme pitäisi kirjoittaa vaikkapa näin: *"Jopa 20–30 cm:n päässä mittarista tehotiheys voi ylittää sallitun rajan."*

Suomen maaseudulla saattaa käydä pahimmassa tapauksessa niin, että uusi etäluettava mittari vaihdetaan vanhan tilalle sähkötauluun, joka on usein sisätiloissa. Ei ihme, että monilla ihmisillä voi olla todella paha olo.

Rivitaloissa koko talon mittarit saatetaan asentaa talon päätyyn eli yhden asunnon riesaksi. Ei tarvitse ihmetellä, miksi sen asunnon asukkaat vaihtuvat tiheään.

Kerrostaloissa mittarit voivat sijaita kaikki samassa kaapissa kellarikerroksessa. Enää ei voi sanoa, että alin kerros olisi turvallisin, vaan että asunnon ostajan/vuokraajan kannattaa selvittää mittarien sijainti.

Omakotitaloissa asukas voi siirrättää mittarin tonttinsa rajalle asti ja suunnata sen mastoon.

Sähköasentaja Tiina Syrjä asentaa etäluettavaa sähkömittaria.

Ohessa kolmen sähköyliherkän tarinat:

1) "*Yhtenä päivänä asentaja ilmestyi pihaani. Minä sanoin vain: Ei kiitos, olen vaikeasti sähköyliherkkä, saat*

sanoa terveiset yhtiölle. Sen jälkeen kukaan ei ole ehdottanut mitään. Yhtiö vain pyytää mittarilukemaa meilitse neljä kertaa vuodessa.”

2) *”Meillä sähkömittari on eteisessä, eikä mieheni suostu maksamaan sen siirtoa ulos. Minä nukun kesät ulkovarastossa ja talvet sohvalla. Parisängyn puolikas pysyy tyhjänä, kunnes mies ymmärtää.”*

3) *”Kävin pitkät keskustelut suuren sähköyhtiön kanssa siitä, ettei tontilleni tuoda etäluettavaa mittaria. Kompromissi oli se, että yhtiö (joka omistaa mittarit) toi uuden mittarin mutta ilman sim-korttia. Täten mittari ei lähetä mitään ja ilmoitan itse sähkönkulutukseni neljä kertaa vuodessa. Äskettäin yhtiö ehdotti mittarin siirtoa tonttini rajalle omalla kustannuksellaan. Oho! Ei kannata olla nynny vaan pitää kiinni oikeuksistaan.”*

On ihmisiä, jotka eivät kestä etäluettavaa mittaria edes 15 m:n päässä.

Terveidenkin ihmisten kannattaa huolehtia siitä, että etäluettava mittari (erityisesti sen säteilevät osat) ovat mahdollisimman kaukana asuintiloista. Myös metallinen kilpi voi pienentää merkittävästi matkapuhelinverkon säteilyä. Kilven (kooltaan vähintään 50 × 50 cm) voi sijoittaa antennin ja talon väliin. Antennin ja kilven välimatka voi olla 2–6 cm. Antenni pitäisi tietenkin suunnata avaruuteen, missä on tukiasemia, eikä naapuritaloon. Paras tapa on sijoittaa antenni ja kilpi kauas talosta. Samalla myös matkapuhelinverkon säteily pienenee merkittävästi. Säteilyä voi nimittäin tunkeutua kotiin talon metalliosien kautta. Antennin ja kilven asentaminen vaatii ammattilaista.

PLC-tekniikkaa ei kannattaisi käyttää likaisen säteilyn vuoksi.

Koska langattomassa tiedonsiirrossa mittarilta keskittimelle käytetään enintään 50 mW:n lähetystehoa ja mittari on yleensä melko kaukana oleskelupaikoista, terveysvaikutus on verrattain heikko. Sähköherkkien kannattaa kuitenkin varmuuden vuoksi kokeilla säteilyn vaimentamista esimerkiksi asentamalla sähkötauluun kilpi suojakankaasta.

Teoriassa tiedot voisi siirtää sähköyhtiöille kokonaan langallisesti kaapeleiden avulla. Koko maassa se olisi liian kallista. Onneksi on olemassa taloudellisesti kannattava ja haitaton menetelmä: langallinen internetyhteys (7). Valitettavasti sitä ei käytetä Suomessa laajasti.

Sähkösopimusta tehdessään asiakas voi kuitenkin vapaasti sopia mittaustavan; mikään laki ei velvoita käyttämään etäluettavaa mittaria.

---

1. Tamminen E., Rekula P, Juusela M. Sähköä ilmassa. 2015.
2. http://www.stuk.fi/aiheet/kodin-ja-toimiston-sateilevat-laitteet/etaluettavien-sahkomittareiden-sateily-on-vahaista, 2015.
3. Health impacts of radio frequency exposure from smart meters. http://ccst.us/publications/2011/2011smart-final.pdf, 2011.
4. Friedman E. Maine Voices: Your smart meter isn't necessarily safe or healthy. http://www.pressherald.com/2016/03/28/maine-voices-your-smart-meter-isnt-necessarily-safe-or-healthy/, 28.3.2016.
5. Radiofrequency (RF) Radiation Power Density Levels for Smart Meters, Various Biological Effects, and Exposure Guidelines. http://smartgridawareness.org/rf-health-effects/comparison-values/, 2015.
6. Jansson E. Sähkömittari valvoo meitä. Vihreä lanka, 8.2008.
7. Ostroumov G. Etäluettava sähkömittari. Sähköpostia, 2018/3.

Luku 12. Autoista

Millaiselle säteilylle ihminen voi altistua henkilöautossa? Mitä pitäisi ottaa huomioon, jotta voi minimoida säteilyn haitallisen vaikutuksen ihmiseen? Millainen auto säteilee vähiten?

Autojen säteilyt

Nykyaikaisissa autoissa voi olla kaikkia seuraavia kenttiä:

- matalataajuisia magneettikenttiä
- matalataajuisia sähkökenttiä
- korkeataajuisia sähkömagneettisia kenttiä.

Matalataajuiset kentät syntyvät pääosin lataus- ja sytytysjärjestelmästä sekä erilaisista pienistä moottoreista, kuten tuulettimesta tai polttoainepumpusta. Hybridiautoissa ja sähköautoissa voimakkaat kentät syntyvät auton sähkömoottorista ja erilaisista laitteista, jotka tuottavat voimakkaita muuttuvia ja/tai pulssimaisia virtoja.

Korkeataajuiset sähkömagneettiset kentät (säteilyt) syntyvät pääosin auton tietokoneesta. Tietokoneen aiheuttama säteilyn tehotiheys voi yleensä olla auton sisällä 100–1 000 $\mu W/m^2$. Luonnollisesti myös matkapuhelin ja Bluetooth saavat aikaan mikroaaltoja auton sisätiloissa. Mahdollisesti tulevissa itseohjautuvissa autoissa juuri nämä kentät voivat olla voimakkaita.

Miten sähköherkkä pärjää sellaisessa autossa? Tietokoneesta tuleva korkeataajuinen säteily voi kohota auton sisällä, mutta ihminen voi toki vapaasti valita istumapaikkansa ja pitää yllään suojavaatteita. Itseohjautuvan auton tutkat ja 5G-anturit eivät ole auton sisätiloissa, joten niiden haitallinen vaikutus matkustajaan on luultavasti pieni. Juuri itseohjautuva auto voisikin sopia sähköherkälle olettaen, että matalataajuiset magneettikentät ovat heikkoja.

Tosin tekoälyasiantuntijat ovat erimielisiä siitä voiko itseohjautuvalle autolle antaa vallan tehdä päätöksiä. Ehkä niitä tulee vain kaupunkien syöttöliikenteeseen, eikä yleiseen liikenteeseen.

Edellä mainittujen lisäksi autossa on magneettikenttiä muodostavia komponentteja esimerkiksi kaiuttimissa. Niiden haitallinen vaikutus ilmenee pääosin silloin, kun kaiuttimesta tulee ääntä, jolloin matalataajuista magneettikenttää vuotaa autoon.

Joskus autoon syntyy liikkuvan magneetin aiheuttama liikkuva magneettikenttä, esimerkiksi auton pyörien pyöriessä. Silloin myös auton sisätiloista voi mitata matalataajuisen magneettikentän. Ajon aikana juuri pyörien aiheuttama matalataajuinen magneettikenttä voi olla kaikkein voimakkain – jopa muutaman mikroteslan verran. Nykyaikaisen renkaan sisällä on teräsosia, joten rengaskin voi joskus tuottaa magneettikenttää. Onneksi on olemassa erilaisia menetelmiä pysyvien magneettikenttien poistamiseksi. Ensisijaisesti kannattaa tarkastaa, ovatko auton renkaat magneettiset. Esimerkiksi kompassista on apua tarkastamisessa. Mikäli mahdollista, henkilöautoon kannattaisi vaihtaa alumiinivanteet, koska alumiini ei magnetisoidu.

Sähköisiä varauksia eli staattista sähköä voi kertyä sekä auton koriin että ihmisen kehoon. Ihminen saattaa saada pieniä sähköiskuja lähtiessään autosta, varsinkin kuivalla pakkasilmalla. Kuljettaja voi maadoittaa itsensä kiinnittämällä kehonsa auton metalliseen koriin esimerkiksi metallisen rannerenkaan avulla korkean vastuksen kautta (jätä se kuitenkin ammattilaiselle).

Nykyään tutkijoiden suurin huoli kohdistuu hyvin matalataajuisiin magneettikenttiin, koska juuri ne luokitellaan mahdollisesti karsinogeenisiksi.

Hybridiautot ja sähköautot säteilevät paljon

Lähes kaikki tutkijat ovat sillä kannalla, että hybridiautot ja sähköautot säteilevät paljon enemmän kuin diesel- tai bensiiniautot (1–3). Auton sähkömoottori saa energiaa tehokkaasta, korkeajännitteisestä akusta. Moottorin sisällä ja eräissä muissa laitteissa syntyy korkeita pulssimaisia ja muita muuttuvia virtoja, jotka taas synnyttävät voimakkaita matalataajuisia magneettikenttiä. Virta voi ylittää jopa 100 A, kun taas tavallisessa autossa (diesel- tai bensiiniautossa) se ei yleensä ylitä 10 A. Käynnistyksen aikana hetkellinen pulssimainen virta voi luonnollisesti olla suurempi. Tämä selittää sen, miksi hybridiautot ja sähköautot säteilevät noin kymmenkertaisesti tavallisiin autoihin nähden.

On myös mielenkiintoista, että niinkin suuri virta kuin 100 A voi syntyä silloin, kun sähköauto tai hybridiauto jarruttaa. Tämä johtuu siitä, että sähkömoottori muuttuu generaattoriksi ja voimakas pulssimainen virta menee generaattorista ensin invertteriin ja sen jälkeen lataamaan korkeajännitteistä akkua.

Miten voimakkaista matalataajuisista magneettikentistä päästään eroon? Tässä on suuri haaste valmistajille, sillä ympäristöystävällisen auton pitäisi myös olla ihmiselle haitaton.

Suuri haaste koko ihmiskunnalle on myös se, että diesel- ja bensiiniautojen kauden arvioidaan loppuvan 15–

20 vuoden kuluttua. Mikäli kaikki autot toimisivat tuolloin sähköllä, miten se kaikki sähköenergia tuotettaisiin hiilineutraalilla tavalla? Sähköenergiaa tarvittaisiin nykyiseen verrattuna jopa kolminkertainen määrä. Onneksi henkilöautokannan sähköistäminen ei ole ainoa vaihtoehto. Polttomoottoriautoihin kehitetään koko ajan biopolttoaineita, kevyempiä koreja, energiapihejä moottoreita, pakokaasujen puhdistusta jne. Suomen hallituksen esityksen mukaan jakelijan myymissä tuotteissa pitää vuoden aikana olla keskimäärin 30 prosenttia bio-osuutta vuonna 2030.

Polltomoottoriautot

Mikäli haluaa valita niukasti säteilevän auton, suosittelemme vain diesel- ja bensiiniautoja. Muutamia asiaan liittyviä vinkkejä löytyy ulkomailtakin (3, 4). Yleensä pahin säteily tulee laturista, joten sen paikka on aivan oleellinen. Laturin tuottama magneettikenttä voi olla todella kova. Niinpä kannattaa pysyä etäällä laturista.

Eva kertoo: *"Ajelin autollani tyytyväisenä vuosia, kunnes päästin kerran tuttavani rattiin ja istuin itse repsikan paikalla kituen. Selitys on yksinkertainen: laturi on oikeassa etukulmassa ja etäisyys laturista kuljettajan paikkaan on suurempi kuin repsikan paikkaan, lisäksi laturin ja kuljettajan välissä on massiivinen pitkittäismoottori."*

Artikkelissa (3) kerrottiin autosta (Mercedes 300SD Turbo Diesel 1982) josta pystyi kytkemään laturin irti. Silloin kun laturi oli kytketty irti, niin magneettikenttä ei ylittänyt taustakentän arvoa 0,04 μT, mutta kun laturi oli kytketty päälle, niin magneettikentän arvo olikin jo 0,18 μT. Tämä esimerkki todistaa omalta osaltaan sen, että latausjärjestelmästä tulee vahvin matalataajuinen magneettikenttä (5).

Polttoainepumppu voi usein sijaita takapenkin alla, ja takapenkillä kuljetetaan yleensä lapsia. Pumppu saattaa kuitenkin tehdä vahvan magneettikentän. Takapenkin magneettikentät kannattaa siis selvittää varsinkin, jos matkustajina on lapsia. Voi olla niinkin, että samassa autossa toisella puolella on 1,5 µT, kun taas toisella puolella on vain 0,1 µT. Ensimmäisenä esimerkkitapauksena on Toyota Auris 1,6 (vm. 2014). Siinä polttoainepumppu on takapenkin alla vasemmalla puolella eli kuljettajan takana. Pumppu muodostaa 1,5 µT:n magneettikentän. WHO:n mukaan vaaraton kenttä olisi enintään 0,3 µT. Mikäli lapsi istuu takapenkin oikeassa reunassa, häneen kohdistuu vain 0,1 µT:n vahvuinen kenttä. Renault Lagunassa puolestaan takapenkki on vaaraton paikka, koska polttoainepumppu sijaitsee oikealla puolella takapenkin alla lattianrajassa. Tästä syystä takapenkin magneettikenttä on lähes merkityksetön. Eräässä mallissa taas magneettikenttä on valitettavan voimakas lähes kaikkialla auton sisällä, joten magneettikentät kannattaa joka tapauksessa mitata.

Monen tutkijan ehdotuksen mukaisesti mittasimme matalataajuisia magneettikenttiä TriField Meter-mittarilla. Magneettivuon tiheyden mittauspiste oli noin 5 cm ohjauspyörästä kuljettajan suuntaan. Autot seisoivat tyhjäkäynnillä, ja sähköiset laitteet kytkettiin pois päältä. Hybridiautot ja sähköautot kannattaa mitata myös ajamisen aikana.

Tässä pieni lista autoista harkinnan tueksi:

Malli	Vuosi	Arvo µT
Mitsubishi Pajero 2,8 dieseli	1999	0,1
Ford Focus 1,6	1999	0,1
Toyota Yaris 1,33	2015	0,1
Opel Corsa 1,0	2017	0,15
Ford Escort 1,6	1998	0,2
Toyota Auris 1,6	2014	0,2
Nissan Sunny 1,4	1988	0,3
Honda CR 2,0	1997	0,3
Honda Civic 1,6	1997	0,3
Ford Fiesta 1,3	1995	0,3
Renault Laguna 1,6	2002	0,3
Toyota Yaris 1,3	2004	0,3
Peugeot 206 1,4	2006	0,3
Peugeot 307 1,6	2002	0,3
Kia Cerato 1,6	2007	0,3
Volkswagen Polo 1,4	1999	0,4
Fiat Punto 1,1	2006	0,4
Mercedes C 180	2007	0,5
Honda Accord 1,8	2000	1
Lada Samara 1,5	2002	1
Nissan Sunny 1,4	1993	1,5
Mazda 626 1,5	1997	1,5
Opel Vectra 1,6	1990	2,5
Volvo V 70	2003	yli 10
Volvo S 60	2007	yli 10

Alle on listattu Renault Lagunan (vm. 2002) muita tuloksia, kun arvo kuljettajan kohdalla mittauspisteessä on 0,3 μT:

- tuuletin + 0,1–0,2 μT
- radio päällä + 0,05 μT (kaiuttimen vieressä 3,5 μT)
- käynnistys + 10 μT (hetkellinen)
- ajon aikana korkeat kierrokset eivät nosta tasoa merkittävästi
- vilkut ja etulasinpyyhkimet + 0,15 μT (pulssimaista magneettikenttää)
- lämmittimet (penkit, lasit, peilit) eivät lisää magneettikenttää merkittävästi
- pyörien pysyvä magneettikenttä on heikko (sitä voi kokeilla magnetometrillä)
- koneen käydessä konepelti auki magneettikenttä on yli 10 μT metrin etäisyydellä laturista.

Suosituksia valmistajille

1. Moottorin etäkäynnistys olisi mukava, jotta kuljettaja voisi välttyä voimakkaalta hetkelliseltä magneettikentältä.
2. Auton katolla pitäisi olla antenni matkapuhelinta varten. Ongelmana on se, että vain harvoissa matkapuhelimissa on antenniin sopiva liitin. Autovalmistajien kannattaisi tehdä yhteistyötä matkapuhelinvalmistajien kanssa.
3. Auton lasien pitäisi suodattaa sekä radiotaajuisia sähkömagneettisia kenttiä että UV-säteilyä.
4. Auton sisällä saisi käyttää vain johdollista puhelinyhteyttä (ei Bluetoothia ja wlania).
5. Auton tietokone pitäisi sijoittaa mahdollisimman kauas kuljettajasta. Autojen tietokoneiden säteilylle kannattaisi

luoda standardi kannettavien tietokoneiden TCO-standardin mallin mukaisesti (6).

6. Kaiuttimet kannattaisi sijoittaa ainakin 1,5 m:n päähän kuljettajasta (ja mielellään muistakin matkustajista).

7. Auton laitteet, joista vuotaa voimakkaita matalataajuisia magneettikenttiä, pitäisi sijoittaa mahdollisimman kauas sisätiloista. Ne voisi vielä peittää mu-metallilla tai edes rautapellillä, ettei kuljettaja tai etuistuimella matkustava altistuisi suurille magneettikentille. Ehkä koko moottorin voisi sijoittaa taakse (Volkswagen Beetlessä 1966 (3) oli sisällä vain vähäinen magneettikenttä juuri sen takia).

8. Auton sisätiloihin saisi tulla vain hyvälaatuista tasavirtaa.

9. Mikäli WHO:n suositusta noudatetaan, kuljettajan paikalla saisi olla enintään 0,03 µT:n magneettikenttä (turvakerroin 10).

Toivotaan, että insinöörit jo lähitulevaisuudessa keksivät sekä turvallisia sähköautoja että puhtailla polttoaineilla toimivia polttomoottoriautoja ja että niiden käyttämiseen tarvittava energia voitaisiin tuottaa ympäristöystävällisesti.

---

1. Philips A. Magnetic fields and other issues regarding hybrid and electric cars. http://www.emfacts.com/2014/11/magnetic-fields-and-other-issues-regarding-hybrid-and-electric-cars/, 24.11.2014.

2. Hareuveny R. Characterization of Extremely Low Frequency Magnetic Fields from Diesel, Gasoline and Hybrid Cars under Controlled Conditions, Int. J. Environ. Res. Public Health 2015, 12(2), http://www.mdpi.com/1660-4601/12/2/1651/htm

3. Jens B. EMF Measurements of Cars and Trucks. http://www.eiwellspring.org/EMFMeasurementsOfCarsAndTrucks.htm

4. EMF Ratings for Cars. http://www.ahappyhabitat.com/cars.html

5. Ostroumov.G. Millaisen auton valitsisin? Sähköpostia, 2019/3.

6. TCO Certified Notebooks 4.0. http://tcodevelopment.com/files/2013/04/TCO-Certified-Notebooks-4.0.pdf, 2012.

Luku 13. Pelastakaa vauvat!

Itkuhälyttimet

Itkuhälyttimiä käytetään esimerkiksi toisessa huoneessa nukkuvan vauvan heräämisen havaitsemiseen. Itkuhälyttimen laitteistoon kuuluu ensisijaisesti kaksi osaa, joista toinen sijoitetaan lapsen lähelle (vauvayksikkö) ja toinen kuuloetäisyydelle lasta vahtivasta aikuisesta (vanhempien yksikkö). Laite aktivoituu yleensä lapsen äänestä, jolloin viesti kulkee radioaaltoina ja/tai langallisesti laitteen osien välillä. Joskus itkuhälyttimien osien väliin sijoitetaan esimerkiksi kaapeli ja/tai reititin. Joissakin malleissa on lisäksi kamera lapsen seuraamista varten ja toinen lähetin, jolla voidaan puhua lapselle.

Vauvaa varten kehitetään digitaalisia mittauslaitteita, kuten älytuttia ja petianturia. Tuo langaton teknologia keskittyy muun muassa siihen, että jopa vauvan suuhun sijoitetaan säteilevä lähetin, vaikka käytössä on jo kauan ollut erilaisia langallisia itkuhälyttimiä, jotka sijoitetaan vauvan viereen.

Mielestämme vauvan vieressä ei saa käyttää langattomia laitteita. Miksi? STUK arvioi (1), että altistuminen säteilylle voi olla 1 W/kg – siis samaa suuruusluokkaa rajojen kanssa (monen matkapuhelimenkin altistus on pienempi). Myöhemmin STUK kirjoitti (2): *"Itkuhälyttimen lähetysteho voi olla 500 mW, mikä on kaksinkertainen kännykän maksimitehoon verrattuna. Suuresta maksimitehosta huolimatta hälyttimien aiheuttama SAR-arvo jää STUKin mittausten mukaan huomattavasti alle radioaalloille kansainvälisesti määritellyn raja-arvon, joka on kaksi wattia kiloa kohti. SAR-arvo kuvaa sitä energiaa, joka radioaalloista imeytyy kehoon."*

STUK ja Ruotsin säteilyturvallisuusviranomainen SSM ovat yhdessä mitanneet neljän eri valmistajan itkuhälyttimen radioaaltosäteilyä. Mittaukset tehtiin, jotta voitiin varmistua, että laitteiden aiheuttama altistus ei ylitä radiotaajuisen säteilyn raja-arvoa (0,36 W/kg). Varmasti markkinoilta löytyy myös enemmän säteileviä itkuhälyttimiä, vaikka tästä STUK ei puhunut mitään. Merkitäänpä muistiin, että altistuminen säteilylle voi olla 1 W/kg.

Altistuminen säteilylle voi sähköä johtavan pinnan vieressä nousta jopa nelinkertaiseksi. Niinpä vauvan todellinen altistuminen voi ylittää kaksinkertaisesti Suomen altistumisrajan. Kuka keksi tämän laitteen ja antoi luvan käyttää sitä? Miksi?

Varmaankin olette jo lukeneet, että STUK on antanut varoituksen matkapuhelimien käytöstä (erityisesti lapsille). Kuka antaa varoituksen vauvojen vanhemmille langattomasta itkuhälyttimestä? Miten selittää vauvalle, että ei saa olla metallisen pinnan vieressä? Mutta vauvan tilanne voi olla paljon pahempikin. Jos ottaa huomioon, että vauvan kehossa voi syntyä resonanssi-ilmiö, paikallinen SAR-arvo voi olla 80 W/kg. Tiedoksi vanhemmille: itkuhälytin voi aiheuttaa vauvan nopean kuoleman (ks. Luku 4. Matkapuhelimet). Kuka sallii sen?

Tietysti STUK rauhoittaa kansalaisia sillä, että tavallisesti altistuminen on enimmillään sadasosia ja tuhannesosia altistumisrajoista. STUK viittaa vain käytössä olevaan altistumisrajaan (2 W/kg). Lisäksi STUK kirjoittaa: *"Altistuminen on kuitenkin tyypillisesti lyhytkestoista. Itkuhälyttimet lähettävät radioaaltoja vain lapsen itkiessä, joten altistumista tapahtuu vain muutaman minuutin ajan lapsen herätessä."* Valitettavasti STUK unohti kertoa, että on itkuhälyttimiä, jotka lähettävät radioaaltoja jatkuvasti. STUK on siis oikeassa sanoessaan, että tavallisesti altistuminen on enimmillään sadasosia ja tuhannesosia altistumisrajoista, mutta teoriassa vauvan altistus voi ylittää Suomen altistumisrajan jopa 40-kertaisesti.

Vuonna 2011 EN antoi suosituksensa kaikille jäsenvaltioille sähkömagneettisten kenttien tehotiheyden rajoittamisesta enimmäistasolle 100 $\mu W/m^2$. Vuonna 2012 arvovaltainen Bioinitiative-työryhmä ehdotti ennalta varautuvaa tavoitetasoa 3–6 $\mu W/m^2$ turvakertoimella 10 (3). Tuskin löytyy langatonta itkuhälytintä, joka säteilee niin heikosti vauvan vieressä. Siksi emme suosittele langattomien itkuhälyttimien käyttämistä. Laskelmamme osoittaa, että itkuhälyttimien säteily voi ylittää EN:n suosittelemän altistumisrajan noin 4 000 000-kertaisesti. Se on hälytys myös yhteiskunnalle.

Itkuhälytin on kyllä tarpeellinen, mutta vauvan vieressä sen pitää olla langallinen. Kauempana sijaitseva vanhempien yksikkö voi toki olla langaton (esim. älypuhelin). Valitettavasti nykyään on melko hankalaa löytää markkinoilta täysin langallista itkuhälytintä. Joskus langattomassakin itkuhälyttimessä on silti esimerkiksi Ethernet-portti (4).

Siinä tapauksessa vauvayksikköön pitää kytkeä Ethernet-kaapeli. Kannattaa käyttää suojattua kaapelia, esimerkiksi (5), ja kytkeä itkuhälyttimestä pois kaikki mahdolliset langattomat yhteydet, esim. wifi ja Bluetooth. Näin langaton itkuhälytin muuttuu langalliseksi itkuhälyttimeksi.

Langallista yhteyttä ei kannata käyttää kodin sähköverkon avulla (PLC-tekniikka), koska se lisää likaista sähköä ja likaista säteilyä kotona merkittävästi (6).

Langallinen laite (7) puolestaan näyttää hyvältä turvallisuuden näkökulmasta. Sellaista kannattaa käyttää turvallisena itkuhälyttimenä. Vanhemmat voivat nähdä ja kuulla lapsensa ja lapsi kuulla vanhempansa. Toki on järkevää sijoittaa kamera ainakin metrin etäisyydelle lapsesta ja käyttää suojattua Ethernet-kaapelia.

Kun kävelet vauvan kanssa

Kun kävelet vauvan kanssa taajamassa, kannattaa muistaa, että asfaltin alla saattaa piillä vaaroja, kuten sähkökaapeli (jota ei voi nähdä). Yleensä kaapeli siirtää energiaa taloihin ja/tai katuvaloihin. Usein sen magneettikenttä voi ylittää 0,4 µT. WHO:n mukaan tämän rajan ylittäminen nostaa merkittävästi lapsen riskiä sairastua leukemiaan. Täten kannattaa tutkia ne reitit, joita tavallisesti kulkee vauvan kanssa, jotta voisi välttää vauvan altistumista suurille magneettikentille.

On surullista, mikäli lasten pitää oleskella sellaisissa paikoissa, joissa magneettikenttä voi olla suuri. Sellaisia ovat muun muassa päiväkodit, jotka sijaitsevat usein talon alimmassa kerroksessa, jossa sähkökaapelit voivat olla hyvin lähellä. Esimerkiksi Helsingissä Leikosaarentiellä on lapsille merkitty kaista. Magneettikenttä on siellä yli 1,5 µT. Olisi helppoa vähentää leukemian riskiä siirtämällä kaistaa hiukan sivummalle. Miksi tällaisia riskejä on, vaikka niitä olisi helppo välttää? Koska säteilylaista puuttuu varovaisuusperiaate. Näin ollen viranomaisten ei tarvitse vaivautua varovaisuusperiaatteen mukaisiin toimenpiteisiin. Toivomme kuitenkin, että tulevaisuudessa varovaisuusperiaatteen mukaiset raja-arvot otettaisiin huomioon.

Kalifornialaiset tutkijat havaitsivat kohorttitutkimuksessaan, että raskaana olevien naisten keskenmenon riski nousee merkittävästi, mikäli matalataajuinen magneettikenttä ylittää 0,25 µT (8). Pariskuntien ja raskaana olevien naisten olisi hyvä muistaa, että sähköpeitosta voi vuotaa korkeita magneettikenttiä, jopa 2,3–7,1 µT (9).

Taustakenttä ei saisi ylittää 0,01–0,03 µT. Jos mittari näyttää voimakkaampaa magneettikenttää (esimerkiksi 0,04 µT), lähellä voi olla sähkökaapeli ja/tai muuntamo. On myös mahdollista, että sähkövirta kaapelissa on mittauksen aikana pieni mutta voi ajan myötä nousta merkittävästi. Täten ei kannata muuttaa sellaiseen paikkaan, jossa magneettikenttä ylittää 0,03 µT.

Vaikka ihminen kulkisi kävelytietä, sähkökaapelit voivat olla maan alla noin metrin syvyydessä, ja täten magneettikenttä voi olla voimakas. Joskus samaan kaivantoon voidaan sijoittaa sekä sähköjohtoja että kaukolämpöputkia (ks. kuva).

Maan alle kaivettuja kaapeleita ja kaukolämpöputkia.

Mittaaja voi erehtyä luulemaan, että magneettikenttä vuotaa kaukolämpöputkesta. Syyllinen on kuitenkin usein sähkökaapeli. Toki jos kaukolämpöputken maadoitus tehdään väärin, magneettikenttää voi vuotaa kaukolämpöputkestakin.

Jos asunto lämpenee kaukolämmöllä, magneettikentän voi varmuuden vuoksi mitata lämpöpatterin vierestä. Tavallisesti magneettikenttä on samaa tasoa kuin muuallakin asunnossa. Mutta jos lämpöpatterin vieressä on tuntuvasti voimakkaampi magneettikenttä, joku on voinut tehdä "maadoituksen" lämpöpatteriin. Asia pitää silloin selvittää välittömästi isännöitsijän kanssa, koska lämpöpatterin tai vesijohdon avulla tehty maadoitus voi johtaa onnettomuuteen.

Kunnollisen maadoituksen tekeminen pitää jättää ammattilaiselle. Joskus hyvän maadoituksen voi saada melko helposti sähköverkon avulla, koska sähköverkosta löytyy melkein aina maadoitettu johto. Sekin työ kannattaa kuitenkin jättää ammattilaisen tehtäväksi.

---

1. Toivonen T. Väestön altistuminen radiotaajuisille kentille Suomessa. https://www.julkari.fi/bitstream/handle/10024/124164/stuk-tr5.pdf?sequence=1, 2008.
2. https://www.stuk.fi/aiheet/kodin-ja-toimiston-sateilevat-laitteet/itkuhalyttimet, 2015.
3. https://www.bioinitiative.org/wp-content/uploads/2017/11/Hardell-2017-Sec11-Update-Use_of_Wireless_Phones.pdf . 10.2017.
4. D-Link DCS-5222L, https://www.amazon.co.uk/D-Link-DCS-5222L-Wireless-Security-Surveillance/dp/B008915L2O/ref=sr_1_1?keywords=d+link+full+hd+pan+tilt+wifi+security+camera+720p+hd+resolution+night+vision+remote+access&qid=1579446186&sr=8-1
5. Tera Grand - 12FT - CAT7, https://www.amazon.com/gp/product/B01B8CB56G/?tag=emfacademy-20

6. Are Wired Baby Monitors Safe? (Low EMF) – Get The Facts! https://www.radiationhealthrisks.com/wired-low-emf-baby-monitor-safe/#safe

7. Arlo Q – Wired, 1080p HD Security Camera. https://www.amazon.com/gp/product/B017B2043W/ref=as_li_tl?imprToken=mY8H0rnuQ5rwmZ14iSQv3Q&slotNum=1&ie=UTF8&camp=1789&creative=9325&creativeASIN=B017B2043W&linkCode=w61&tag=radiation05-20&linkId=d057233b73146dbb829e129d8d0c1e84

8. De-Kun Li and all. Exposure to Magnetic Field Non-Ionizing Radiation and the Risk of Miscarriage: A Prospective Cohort Study https://www.ncbi.nlm.nih.gov/pmc/articles/PMC5727515/, 13.12.2017.

9. Chu M. Electric blankets increase risk of miscarriage: study. http://www.koreabiomed.com/news/articleView.html?idxno=2179, 2.1.2018.

Luku 14. 5G- ja 6G-teknologiat

Mikä on 5G ja miksi se tulee?

5G eli IMT-2020 on langattomien verkkojen seuraava sukupolvi, joka tuo mukanaan paljon uusia mahdollisuuksia ja sovelluksia mutta epäilemättä myös haasteita. 5G-verkkoa käytetään lähitulevaisuudessa laajalti muun muassa Gbit/s-tiedonsiirrossa, 3D-videoissa, UHD-näytöissä, pilvipalveluissa, virtuaalitodellisuudessa, lisätyssä todellisuudessa, kriittisissä sovelluksissa, älykaupungeissa ja -kodeissa, itseohjautuvissa autoissa, terveydenhuollossa sekä teollisuuden tarpeissa. Väitetään, että juuri 5G tarjoaa parhaat mahdollisuudet niin sanotulle esineiden internetille (Internet of Things). Esineiden internet tarkoittaa käytännössä, että monet kodin ja työympäristön laitteet kytketään internetiin ja ne voivat kommunikoida keskenään jopa ilman ihmisen osallisuutta. 5G-verkkoa tarvitaan juuri siksi – vain 5G mahdollistaa lyhyellä viipeellä tarvittavat siirtonopeudet ja päätelaitetiheydet.

Parametrit	**5G**	**LTE-advanced**
maksimi siirtonopeus (Gbit/s)	20	1
viive (ms)	1	10
päätelaitetiheys (päätelaitteita/m^2)	1	0,1

Millä keinoin 5G-verkossa sitten onnistutaan saavuttamaan korkeita siirtonopeuksia ja päätelaitetiheyksiä? Ensisijaisesti käyttämällä hyvin laajaa taajuuskaistaa, joka on jopa yli 1 GHz. Ihan vertailun vuoksi: LTE-Advanced-verkon taajuuskaista on huomattavasti kapeampi, enimmillään vain 0,1 GHz. Toinen tärkeä ratkaisu on MIMO (Multiple-Input and Multiple-Output)-teknologia. Jos käytetään kahdeksaa tai useampaa antennia, puhutaan usein mMIMO (massive Multiple-Input and Multiple-Output)-teknologiasta. 5G-kokonaisuuden kruunaa valokaapelin käyttö. Parhaat arvot saavutetaan kytkemällä 5G-tukiasema valokaapeliyhteyteen.

Oletetaan, että 5G-verkko toimii senttimetri- tai millimetriaalloilla. Tällöin taajuuskaistat ovat 3–30 GHz tai 30–300 GHz, koska kyseiseltä alueelta löytyy vapaita taajuusalueita helposti. 5G:n taajuudet ovat pääosin korkealla, koska matalammilla taajuuksilla vapaita taajuuskaistoja on hyvin niukasti. Kun taajuudet ovat kymmenien gigahertsien luokkaa, 5G-verkon solut ovat hyvin pieniä ja solun säde voi olla alle 100 m. Jatkossa pohditaan seuraavien taajuuksien käyttöönottoa:

31,8–33,4 GHz; 40,5–43,5 GHz;45,5–48,9 GHz;

66–71 GHz; 71–76 GHz; 81–86 GHz.

Suomi on ehdottomasti kansainvälisen 5G-kehityksen kärjessä. Nokialle myönnettiin 21.10.2015 ensimmäinen 5G-järjestelmän testilupa. Nokia sai luvat verkon käyttöön Espoossa ja Oulussa. Yhtiö onkin kertonut 5G-tutkimuksestaan (1), joka suoritettiin verrattain matalalla taajuusalueella (4,5 GHz).

5G on toiminut Suomessa vuodesta 2019 lähtien. Kuten monessa muussakin maassa, Suomessakin 5G-teknologia alkaa toimia 3,5 GHz:n taajuusalueella. Taajuuksien huutokauppa päättyi 1.10.2018. Telian kaista (3 410–3 540 MHz) maksoi 30 258 000 euroa ja Elisan kaista (3 540–3 670 MHz) puolestaan 26 347 000 euroa. DNA taas maksoi kaistastaan (3 670–3 800 MHz) tasan 21 miljoonaa euroa.

Suomen hallitus myönsi marraskuussa vastaavat 5G-verkkotoimiluvat DNA:lle, Elisalle ja Telialle. Luvat astuivat voimaan vuoden 2019 alusta. Ne perustuvat operaattoreille jo aiemmin järjestettyyn huutokauppaan radiotaajuuksista.

Moni matkapuhelinvalmistaja ilmoitti, että ensimmäiset 5G-matkapuhelimet tulevat kaupalliseen käyttöön vuonna 2019. Markkinoille ehti ensin Motorolan älypuhelin Moto Z3 5G. Entä meillä Suomessa? Täällä 5G-mobiililaajakaistojen ja -reitittimien myynnin kuluttaja- ja yritysasiakkaille (1 Gbit/s tai 600 Mbit/s) aloitti ensimmäisenä Elisa.

Miksi 5G-teknologialle alkujaan valittiin 3,5 GHz:n taajuudet? Kyseisellä taajuusalueella voidaan saavuttaa suhteellisen korkeita siirtonopeuksia (noin 2 Gbit/s) ja päätelaitetiheyksiä. Lisäksi voidaan käyttää mobiiliverkkojen olemassa olevaa infrastruktuuria (2), koska solun säde voi olla samaa luokkaa kuin 4G-verkossa (2,6 GHz) tai jopa 3G-verkossa (n. 2 GHz). Näin saavutetaan suuri säde (siis hyvä peitto) säteenmuodostusta käytettäessä (Beamforming). Säteenmuodostus kohdistaa tukiaseman radiokeilan juuri tiettyyn vastaanottimeen vahvistaen merkittävästi vastaanotetun signaalin tehoa. Se mahdollistaa muun muassa liikkuvan vastaanottimen seuraamisen radiokeilalla. Korkeita siirtonopeuksia saavutetaan käyttämällä mMIMO-teknologiaa ja laajaa taajuuskaistaa (100 MHz).

Taloudellisista syistä operaattorit tuskin rakentavat 5G-verkkoja harvaanasutuille alueille. Maaseudulle rakennetaan tulevaisuudessa 700 MHz:n taajuudella toimivia 5Gverkkoja, jotka takaavat hyvin laajan peiton. Vaikka 5G-verkkojen (700 MHz) siirtonopeudet ovat vain noin 200 Mbit/s, se soveltuu hyvin itseohjautuville autoille ja esineiden internetille.

Aiemmin puhuttiin paljon siitä, että 5G-verkko toimii millimetriaalloilla. Näin tulee käymäänkin mutta vasta myöhemmin. Alkuun tulee käyttöön 26 GHz:n taajuus (24,25–27,5 GHz). Tämä taajuusalue soveltuisi hyvin suurten yhteysnopeuksien tarjoamiseen esimerkiksi isoissa kaupungeissa, liikenteen solmukohdissa ja yleisötapahtumissa.

Suomessa 5G-operaattorit voivat käyttää kolmea taajuuskaistaa (800 MHz) taajuusalueella 25,1–27,5 GHz. Taajuusalue 24,25–25,1 GHz todennäköisesti varataan paikallisten verkkojen rakentamiseen. Paikallisia verkkoja voidaan rakentaa esimerkiksi satamiin ja teollisuuslaitoksiin.

Muutama tutkija arvelee, että 5G-verkot taajuusalueella 24,25–27,5 GHz voivat aiheuttaa haittaa sääsatelliiteille ja radioastronomialle.

Kysymyksiä 5G-teknologian turvallisuudesta

Monia ihmisiä, erityisesti sähköherkkiä, huolestuttaa kuitenkin teknologian turvallisuus. Nykyään millimetriaaltoja käytetään verrattain harvoin (mm. tutkissa, muutamassa automallissa sekä WiGig- ja Wireless HD-laitteissa).

Jo Neuvostoliiton aikana (3) millimetriaaltoja käytettiin laajasti terveydenhuollossa (Extremely High Frequency (EHF)-therapy). Kysymys oli hyvin kapeasta säteilykeilasta, joka kohdistui pieneen pisteeseen ihmisen kehossa vähän vastaavasti kuin akupunktiohoidossa. Millimetriaaltoja hyödyntävässä hoidossa käytetyn tehotiheys oli vain 1 µW/cm^2 (4). Hoidon vaikutus oli hyvin positiivinen. Nykyisin väestötasolla suurin sallittu tehotiheys on 1 000 µW/cm^2. Näin korkea taso tuskin on täysin haitaton terveydelle. Tilannetta voisi verrata siihen, että yhden pillerin nauttimisella on lääkinnällisiä vaikutuksia, mutta entäpä 100 pillerin kerta-annoksella?

On hyvin tunnettua, että millimetriaaltoja käytetään kuten ei-tappavaa asetta (5). Tällöin ihmisen ihoa lämmitetään hyvin nopeasti ja voimakkaasti. Sen seurauksena ihminen pakenee lähes heti.

Monet 5G-teknologian käyttöönottoa puoltavat tahot ovat kommentoineet, että korkeilla taajuusalueilla toimiva 5G-säteily ei tunkeudu ihon kautta syvälle kehoon. Ihmisen ihokudoksen tunkeutumissyvyys on esimerkiksi 8,1 mm (6 GHz), 0,92 mm (30 GHz) tai 0,23 mm (300 GHz). Toisaalta iho saa suurimman osan säteilyn energiasta, jolloin ihosairauksien määrä saattaa kasvaa. Säteily voi myös helposti tunkeutua korvien, nenän ja silmien kautta aivoihin ja keskushermostoon ja saada aikaan erilaisia terveysongelmia. Mikroaaltosäteily voi lisäksi aiheuttaa kaihia.

Jos kotiin sijoitetaan 5G-tukiasema ja siellä on paljon toiminnassa olevia 5G-päätelaitteita, wlan ja muita kodin säteileviä laitteita, kokonaissäteilytaso voi ylittää jopa nykyisin sallitut raja-arvot.

Ihmiskunnan pitää olla hyvin varovainen, koska millimetriaaltojen älykkäät antennit voivat vaikuttaa ihmisen terveyteen negatiivisesti ennennäkemättömällä tavalla. Älykkäiden antennien säteily voi tunkeutua ihmisen kehoon paljon syvemmälle kuin tavallisen antennin (esim. lautasantennin) muuttumaton säteily. Se johtuu siitä, että säteily, jonka teho tai vaihe muuttuu riittävän nopeasti (6), voi indusoida ihmisen kehossa uusia aaltoja (ns. Brillouin precursors). Tällöin millimetriaallot tunkeutuvat syvälle ihmiseen, vaikka ennen oletettiin, että ne vain lämmittävät ihoa.

Tässä yhteydessä on hyvin tärkeää muistaa, että ihmisen kehon solut kommunikoivat juuri millimetriaalloilla (3). Millimetriaalloilla on ihmiseen myös resonanssivaikutus, ainakin 6,5–7,1 mm:n alueella (3).

Säteilyturvaviranomaisten pitäisi tutkia millimetriaaltojen vaikutusta ihmiseen hyvin tarkasti ennen kuin millimetriaaltoja otetaan laajaan käyttöön. On mahdollista, että raja-arvoja pitää ratkaisevasti pienentää. Valitettavasti ICNIRP:n uusi yleinen raja-arvo tehotiheydelle on 20 W/m^2, vaikka ICNIRP:n vanha yleinen raja-arvo oli vain 10 W/m^2. Terveysvaikutuksia ajatellen 5G-laitteita ei siis kannata asentaa kotiin (7). Vähän säteilevän älykodin voi kyllä toteuttaa valokaapelin avulla.

Meille kuluttajille kerrotaan, että 5G-päätelaite (esimerkiksi 5G-älypuhelin) säteilee vain 10 mW. Ehkä joskus näin onkin, mutta usein 5G-päätelaite voi säteillä paljon voimakkaammin. Tosiasiassa jopa 10 mW voi terveysvaikutuksia ajatellen olla liian paljon, koska 5G-laite voi käyttää niin sanottuja älykkäitä antenneja (mm. Phased Array System). Ongelmia syntyy, jos niiden voimakas säteilykeila kohdistuu tahattomasti ihmiseen. Jo taajuusalueella 24,25–27,5 GHz voi muodostua kapea säteilykeila niin, että lähtöteho (esim. 10 mW) osuu kokonaan tiettyyn pintaan (esim. 4 cm^2). Tällöin tehotiheys onkin jo 25 W/m^2 (ks. Luku 2. Normeista), vaikka ICNIRP:n uusi raja-arvo tehotiheydelle on vain 20 W/m^2. Jos tuo pinta-ala on ihmisen silmä, vaara on helppo tajuta.

STUK antoi (8) lähes saman tuloksen: *"Korkeilla taajuuksilla (> 6 GHz) lähes kaikki teho absorboituu alle 3 cm:n syvyydelle, jolloin paikallinen altistuminen on aina merkittävämpää kuin koko kehon SAR-keskiarvo. Kehossa kiinni pidettävien laitteiden lähettämästä tehosta merkittävä osa (esim. 50 %) kytkeytyy antennin lähikentästä suoraan kehoon. Tällöin altistuminen riippuu vain lähettimen tehosta ja siitä, kuinka suureen kudosmassaan teho absorboituu.*

Hyvin pienikokoisen, korkealla taajuudella toimivan lähteen aiheuttama altistuminen saattaa teoriassa kohdistua lähes kokonaan 10 g:n kudosmassaan. Tällöin esimerkiksi 40 mW:n lähetystehosta absorboituva 20 mW:n teho aiheuttaisi altistumisrajojen suuruisen SAR-arvon (2 W/kg)."

Jopa 20 mW:n teho voi kuitenkin osua juuri raja-arvoon (2 W/kg). Vastaava tehotiheys olisi 50 W/m^2 (olettaen, että koko teho kohdistuu 4 cm^2:n pinta-alaan), vaikka ICNIRP:n uusi raja-arvo tehotiheydelle on vain 20 W/m^2. Miksi sitten valitsimme 4 cm^2:n pinta-alan? Koska se on ICNIRP:n ehdotus.

Tämän lisäksi STUK arvioi (8) pinta-alan sivun pituuden näin: *"Paikallisen altistumisen mittana on päätetty käyttää SAR-arvoa 10 g:n kuutiomaisen kudosmassan keskiarvona, joka on biologisesti järkevä, koska tätä pienemmät huiput tasaantuvat tehokkaasti lämmön johtumisen vuoksi. Kuution sivun pituus riippuu jonkin verran kudostyypistä, mutta tyypillinen arvo on noin 2,2 cm."* ICNIRP:n mukaan kuution sivun pituus on kylläkin 2,15 cm. STUK:n pinta-ala olisi siis noin 2,2 cm × 2,2 cm = 4,84 cm^2. Täten pinta-alat ovat suunnilleen samansuuruisia. Pinta-alan kautta lähes koko säteilyteho voi absorboitua kuutiomaiseen kudosmassaan (kuution tilavuus olisi noin 2,2 cm × 2,2 cm × 2,2 cm = 10,648 cm^3).

Vuonna 2008 STUK kirjoitti siitä kuten teoriasta: ”*Hyvin pienikokoisen, korkealla taajuudella toimivan lähteen aiheuttama altistuminen saattaa teoriassa kohdistua lähes kokonaan 10 g:n kudosmassaan.*” Valitettavasti nykyään se ei enää ole pelkkä teoria.

Lähteessä (9) kerrotaan, että 5G-älypuhelimessa Moto Z3 5G on läheisyysanturi, joka muka voi katkaista 5G-säteilyn, jos puhelin on liian lähellä ihmisen kehoa. Silläkö tavalla taataan turvallisuus? Ei ole ihme, että valmistaja tekee näin, koska 5G-päätelaitteen maksimaalinen nimellisteho voi taajuusalueella 24,25–27,5 GHz olla 23 dBm eli 200 mW (luokka 2) ja 35 dBm eli 3,16 W (luokka 1). Vastaavasti EIRP voi olla 43 dBm ja 55 dBm (10). Se tarkoittaa, että 5G-päätelaitteen antennin vahvistus tiettyyn suuntaan voi olla 20 dB (100 kertaa) eli lähes koko säteilyteho voi kohdistua pieneen pinta-alaan.

Laskelma osoittaa, että luokkaan 2 kuuluva 5G-päätelaite voi säteillä jopa niin voimakkaasti, että pahimmassa tapauksessa turvaetäisyyden toimivasta 5G-päätelaitteesta pitäisi olla ainakin 20 cm. Puolan, Venäjän ja Kiinan normien mukaan vastaavan turvaetäisyyden pitää olla 2 m. Tuskin 5G-päätelaitteen (5G-älypuhelimen) omistajan olisi mukava käyttää laitettaan 2 m:n turvaetäisyydellä. Luokkaan 1 kuuluvan 5G-päätelaitteen turvaetäisyys on tietysti vielä paljon suurempi. Polttaako 5G-älypuhelin ihmisen ihon, jos sitä pitää kehon lähellä?

Säteilyturvakeskuksen yleinen näkökulma (4.1.2019) 5G-teknologian turvallisuudesta on seuraava (11): ”*Altistuminen ei saa ylittää enimmäisarvoja paikoissa, joihin väestöllä on vapaa pääsy. STUK seuraa aktiivisesti*

5G-verkon käyttöönottoa ja puuttuu tarvittaessa tukiasema-asennuksiin, jos on syytä epäillä, että väestö altistuu enimmäisarvot ylittävälle säteilylle."

5G-tukiasema (26 GHz) voi muodostaa kapeassa keilassa hyvin voimakasta säteilyä säteenmuodostuksen avulla. Silloin Suomen normin mukaan pahimmassa tapauksessa (olettaen, että EIRP on 24 dBW/MHz ja taajuuskaista 400 MHz) turvaetäisyyden 5G-tukiasemasta pitää olla ainakin 24,5 m. Vastaava Puolan, Venäjän ja Kiinan normien mukainen turvaetäisyys on 245 m. Voikin odottaa, että 5G-verkot 26 GHz:n taajuusalueella aiheuttavat haittoja lähinnä ihmisen iholle ja silmille. On ilmeistä, että suurin terveyshaitta aiheutuu silloin, kun kapea säteilykeila kohdistuu ihmiseen. Jos kapea säteilykeila kohdistuisi vain reitittimeen, terveyshaitta voisi olla hyvinkin pieni. Mutta millä tavalla se toteutetaan? Tässä on suuri haaste 5G-tukiasemien valmistajille.

Valitettavasti jopa verrattain matalataajuinen (3,5 GHz) 5G-teknologia voi aiheuttaa terveysongelmia, koska verkot alkavat toimia laajalti ja tavalla, josta on vain vähän aiempaa kokemusta. Tutkat, radiolinkit ja satelliittien maa-asemat muodostavat kapeassa keilassa hyvin voimakasta säteilyä, joka kohdistuu pääosin vapaaseen avaruuteen.

Myös 5G-tukiasema (3,5 GHz) voi muodostaa kapeassa keilassa hyvin voimakasta säteilyä säteenmuodostuksen avulla. Sen pääsäteilykeila voi usein kohdistua ihmisiin. STUK kertoo 5G-tukiasemien (3,5 GHz) turvallisuudesta näin: *"Tyypillinen 5G-tukiasema-antennin maksimilähetysteho on 200 W. Antennin vahvistus on 24 dB. Tukiasema lähettää signaalia kolme neljäsosaa ajasta ja vastaanottaa päätelaitteiden signaaleja yhden neljäsosan ajasta. Lisäksi säteilykeila lähetetään tiettyyn suuntaan noin neljäsosan ajasta taajama-alueilla. Kun nämä huomioidaan, maksimilähetystehoksi tulee keskimäärin 0,75 × 0,25 × 200 W = 37,5 W. EIRP on siten keskimäärin noin 9 400 W. Väestölle sallittava suurin tehotiheys 10 W/m² (toimenpidetaso) ylittyy antennin edessä noin 9 m:n etäisyydellä antennista. Operaattorien on asennettava antennit siten, että toimenpidetaso 10 W/m² ei ylity paikoissa, joihin väestöllä on vapaa pääsy."*

Tähän voisi vielä lisätä, että turvaetäisyys antennista voi olla noin 18 m (ei 9 m), jos tukiasema lähettää signaalinsa vain yhteen suuntaan. Puolan, Venäjän ja Kiinan normien mukaan turvaetäisyys olisi 180 m. EN:n suosituksen mukaan turvaetäisyys olisi 5 692 m. Tästä johtuu, että sähköherkkien ei kannata etsiä asuinpaikkaa sieltä, missä 5G-verkkoa (3,5 GHz) rakennetaan (2).

Näyttää siltä, että 5G-päätelaite säteilee 3,5 GHz:n taajuusalueella noin neljännesteholla verrattuna 3G-tai 4G-taajuusalueeseen. Tämä johtuu siitä, että 5G-säteilyä lähetetään päätelaitteesta vain neljäsosa ajasta, vaikka maksimaaliset nimellistehot ovat samansuuruisia (10). Toisaalta jos 5G-päätelaitteella on useita 5G-antenneja, säteilykeilan 5G-säteily voi nousta moninkertaiseksi. Joka tapauksessa varoituksemme kannattaa ottaa huomioon (ks. Luku 4. Matkapuhelimet), koska usein 5G-päätelaite voi toimia myös 2G-, 3G- ja 4G-taajuusalueilla.

On mielenkiintoista (12), että jo muutama vuosi sitten Nokia huomautti, että 5G-verkkojen tuottama säteily voi joissakin maissa ylittää raja-arvot, ja kehotti eri tahoja huomioimaan tämän seikan. On myös hyvä muistaa, että uuden STM-asetuksen mukaan enimmäisarvo (toimenpidetaso) on 10 000 000 $\mu W/m^2$, vaikka EN suosittaa jäsenvaltioilleen enimmäistehotiheydeksi vain 1 000 $\mu W/m^2$.

Valitettavasti näyttää siltä, että kaupungeissa ei voi millään järkevällä tavalla saavuttaa EN:n suosittelemaa tasoa. On tietenkin olemassa suojausmenetelmiä, jotka joskus auttavat pienentämään altistumista säteilylle, esimerkiksi jos 5G-tukiasema sijoitetaan kerrostaloon.

Mikä voisi olla 6G?

Mitähän 6G tuo tullessaan? On mahdollista, että lähitulevaisuudessa poistetaan monia langattomia sovelluksia, muun muassa GSM, 3G sekä langattomat televisio- ja radioverkot. 4G ja 5G ottavat käyttöön niiltä vapautuvia taajuuksia. Taajuuksia tulee käyttöön alueelta 300–3 000 GHz. Taajuuskaista laajenee yli 10 GHz:n. Viive pienenee, ja siirtonopeus saavuttaa 100–1 000 Gbit/s.

Terveyden näkökulmasta suurin toivomme on kuitenkin Li-Fi-teknologia, joka takaa langattoman ja terveydelle haitattoman yhteyden lähiympäristössä näkyvällä valolla. Myös infrapunasäteilyn käyttö olisi hyvin hyödyllistä ympäri vuorokauden.

Lisäksi ihmisten internet on tuloillaan. Toisin sanoen ihmiseen asennetaan (toivottavasti vapaaehtoisesti) siru, joka tarjoaa mahdollisuuden päästä langattomasti internetiin jopa muutaman kilometrin etäisyydellä lähimmästä tukiasemasta. Tällöin ihminen voi kommunikoida sekä laitteiden että ihmisten kanssa (jopa ilman puhetta). Lisätty todellisuus tuodaan suoraan ihmisen silmiin tai jopa aivoihin.

Kvantti-ilmiöt alkavat toimia mobiiliyhteyksissäkin – ainakin huippusuojattu yhteys on tulossa. Terveyden näkökulmasta se tuskin merkittävästi pienentää kokonaissäteilyä, koska se edellyttää radiotaajuisen säteilyn käyttämistä edelleenkin.

On mahdollista, että tulevaisuudessa käytetään yhteyttä, joka perustuu "ihmisen mahdollisuuksiin". Tiedetään nimittäin jo, että joskus, vaikkakin hyvin harvoin, ihmiset (usein kaksoset) voivat kommunikoida lyhyesti tuntemattomalla tavalla. Se varmasti pienentäisi säteilyä ympäristössä. Haluaisikohan teollisuus tutkia tätä ilmiötä?

---

1. http://company.nokia.com/en/news/press-releases/2016/06/28/nokia-demonstrates-worlds-first-5g-ready-network

2. Ostroumov.G. 5G-teknologia käynnistyy Suomessa. Sähköpostia, 2019/1.

3. Н.И.Синицын, В.И.Петросян, В.А.Ёлкин, Н.Д.Девятков, Ю.В.Гуляев, О.В.Бецкий. Особая роль системы «миллиметровые волны — водная среда» в природе. "Биомедицинская радиоэлектроника", №1, 1998 г. http://merak.ru/2014/04/18/osobaya-rol-sistemyi-millimetrovyie-volnyi-vodnaya-sreda-v-prirode/

4. Истомина И. Крайне высокочастотная терапия в клинической практике (часть 1). Физиотерапия, бальнеология и реабилитация. 2/2012. https://cyberleninka.ru/article/v/krayne-vysokochastotnaya-terapiya-v-klinicheskoy-praktike-chast-i

5. https://en.wikipedia.org/wiki/Active_Denial_System

6. Firstenberg A. 5G Wavelengths — From Blankets to Bullets. http://scientists4wiredtech.com/what-are-4g-5g/5g-wavelengths-from-blankets-to-bullets/

7. Ostroumov.G. 5G-verkon haasteet ja mahdollisuudet. Sähköpostia, 2016/3.

8. Toivonen T. Väestön altistuminen radiotaajuisille kentille Suomessa. https://www.julkari.fi/bitstream/handle/10024/124164/stuk-tr5.pdf?sequence=1, 3.2008.

9. Johnson L. The world's first 5G phone - Lenovo Moto Z3 will be released: it is equipped with a proximity sensor to reduce millimeter-wave radiation. https://www.techradar.com/news/5g-phones-what-are-the-first-5g-phones , 2019.02.25.

10. http://www.sharetechnote.com/html/5G/5G_PowerControl.html

11. 5G-verkon säteilyturvallisuus. https://www.stuk.fi/aiheet/matkapuhelimet-ja-tukiasemat/matkapuhelinverkko/5g-verkon-sateilyturvallisuus

12. Ostroumov.G. 5G-puhelimet - entä turvallisuus? Sähköpostia, 2019/2.

Luku 15. Haitaton tulevaisuus

Väite, että kaikki uudet teknologiat vain lisäävät säteilyä, ei välttämättä ole totta (1). Muistutamme tässä lyhyesti teknillisistä ratkaisuista, jotka voisivat merkittävästi pienentää säteilyaltistusta ja olla hyödyllisiä myös talouden näkökulmasta. Näitä ratkaisuja ei välttämättä koskaan toteuteta, vaikka terveen ja viisaan ihmiskunnan pitäisi toteuttaa ne jo lähitulevaisuudessa.

Kaikissa niissä on sama pääetu: terveyden suojelu säteilyn aiheuttamilta haitoilta.

1. Tasavirran paluu.
2. Totaalinen valokaapelointi.
3. Led-valaistus tasavirralla.
4. Satelliittitelevisio korvaa kaikki maanpäälliset televisiot. Kaapeli- ja internettelevisiot toimivat edelleen.
5. Säätutkien poisto.
6. Vähän säteilevän matkapuhelimen tulo.
7. Li-Fi-tekniikan tulo. Li-Fi poistaisi wifin ja 5G:n sisätiloista.

---

1. Ostroumov G. Will new wireless technologies be safe to use? https://www.emfacts.com/2011/01/1341-will-new-wireless-technologies-be-safe-to-use/, 29.1.2011.

Loppusanat

Kuten huomasit, hyvä lukija, emme ole keksineet uutta tekniikkaa – kirjoitimme säteilylähteiden haitallisista ja vaarallisista vaikutuksista. Emme antaneet rauhoittavia, harhaanjohtavia tietoja, vaan kerroimme aiheesta pääosin WHO:n ja EN:n suositusten perusteella. Onhan ihmisillä oikeus tietää koko totuus käyttämiensä laitteiden mahdollisesta vaarasta. Toivomme, että kirjamme auttaa sinua rakentamaan elämääsi entistä turvallisemmaksi ja onnellisemmaksi.